Algorithms

经典算法的起源

[希] 帕诺斯·卢里达斯（Panos Louridas）著　吴向军　边芮 译

机械工业出版社
China Machine Press

图书在版编目（CIP）数据

经典算法的起源 /（希）帕诺斯·卢里达斯（Panos Louridas）著；吴向军，边芮译 . -- 北京：
机械工业出版社，2022.7（2024.11 重印）
书名原文：Algorithms
ISBN 978-7-111-70888-9

I. ①经… II. ①帕… ②吴… ③边… III. ①算法 - 起源 IV. ① O24

中国版本图书馆 CIP 数据核字（2022）第 092659 号

北京市版权局著作权合同登记 图字：01-2020-6452 号。

经典算法的起源

出版发行：机械工业出版社（北京市西城区百万庄大街 22 号 邮政编码：100037）

责任编辑：曲 熠   责任校对：付方敏

印　　刷：北京捷迅佳彩印刷有限公司   版　　次：2024 年 11 月第 1 版第 3 次印刷

开　　本：185mm×260mm 1/16   印　　张：12

书　　号：ISBN 978-7-111-70888-9   定　　价：79.00 元

客服电话：（010）88361066 68326294

算盘是中国古代发明的一种简单而又高效的计算工具,有关算盘的知识是 20 世纪 90 年代前小学生必学的内容之一。珠算口诀是算盘计算方法的表现形式,正确运用珠算口诀会得到正确的计算结果。按"算法"的原始含义来说,珠算口诀就是一种算法。

作者把算法和音乐节奏有趣地联系起来。作曲家在谱曲时,按自己构思的主旋律把各种音符有序地谱写下来,然后用乐器演奏,演奏的结果是一连串悦耳的声音。若乐器发出不搭调的杂音,就说明乐谱有瑕疵,相当于计算机程序中的漏洞(或 bug)。所以,伟大的贝多芬肯定是一位杰出的音乐程序员,其作品《命运交响曲》无疑是用音符谱写的经典"程序"。

人工智能是计算机学科的一个研究和应用热点。作者在本书中呈现了 19 世纪末西班牙生物学家 Ramón y Cajal 所绘的神经元示意图,该图反映出神经元的特殊结构。人工智能研究者根据该神经元示意图设计出神经元模型,并通过"学习"来调整模型中的参数,从而模拟神经元的不同行为。由此可见,人工智能也是一个仿生学的研究方向,模仿人类的大脑活动也许比其他仿生研究更具有挑战性。

本书是一本计算机算法方面的科普性书籍,作者以通俗易懂、引人入胜的叙述方式介绍各种算法思想,避免使用一些过于严谨的专业术语。比如,用"大海捞针"来形容一种搜索算法就非常形象,顾名思义,广大读者更容易理解该搜索策略。本书适合对计算机知识有兴趣的初中生、高中生或其他相关人员阅读。计算机专业一、二年级的大学生阅读此书,也会对相关知识的起源有深刻的印象。

对于书中的音乐知识，我们请教了谢秀燕老师和钟科老师，从而使相关译文能使用较准确的音乐术语和象声词来表述。在翻译特定技术词语时，我咨询了老同学严国平先生和黄志毅先生（现都移居新西兰），他们对我的求助给予了及时而又准确的回复，这使我对译文更有信心。对于译文中的一些词语，我们还请教了学校图书馆的陈璇老师，她的帮助使译文更加通顺。在此，对他们表示衷心感谢。

感谢刘顺平所做的辅助工作，他初译了前言、致谢和作者简介等，并整理了参考文献和延伸阅读等。他的辅助工作使得翻译进度加快。

在翻译安排上，第 3 章和第 4 章由边芮翻译，其余章节由吴向军翻译。初译后，我们对照式地阅读了彼此的译文，努力兼顾原文的本意和译文的通顺。我们虽已尽力，但无奈知识储备有限，译文中难免会出现偏差或误译。在此，敬请广大读者批评、指教！

译者

2022 年 4 月

　　我认识两位年轻人，他们所拥有的知识比过去任何科学家、哲学家或学者都多。他们是我的儿子。但我可不是一位溺爱孩子，并对自己孩子拥有的非凡天赋而感到惊讶的父亲。这两位年轻人用便携式工具将自己与庞大的信息库相连接。由于掌握了在互联网上搜索知识的技能，他们变得无所不知。

　　他们不需要字典就能在母语和外文之间互译，在过去几年，足不出户便知天下事。世界各地的新闻转眼即至，在我知道之前，他们就已与世界各地的同龄人交流了。他们可制订详尽的外出计划，也可沉迷在游戏之中，或追随快速发展的趋势，而这种趋势变化之快以至于我还来不及明白他们为何如此关注。

　　所有这些成为现实要归功于数字技术的快速发展。现在便携式设备在计算能力上比当年把人类送上月球的设备还要强。像前面所描述的那样，我们的生活发生了巨大变化。对未来的预测五花八门，从不需要工作的乌托邦社会，到反乌托邦社会，各种观点争论不休。

　　幸运的是，我们有能力构建未来，而影响未来的一个重要因素是我们对支撑眼前这些成就和变化的技术有多熟悉。虽然我们可能在日常忙碌中忽略它，但现在确实是人类历史上的最好时期。我们比以往任何时候都更健康，就平均而言，人类比过去更长寿。即使仍然存在不平等，但许多人已经摆脱了贫困的桎梏。人类在虚拟和现实中从未联系得如此紧密。便捷的旅行使我们有机会体验不同的文化，参观那些曾在画册中看到的惊叹之地。所有这些进步会且应该会持续下去。

然而，要融入此进步，仅会应用数字技术是不够的，我们还需了解它。首先，一个极其现实的理由就是它可提供一些很好的工作机会。其次，即便不从事技术型工作，也应该了解其基本原理，以便领悟其发展方向，并扮好自己的角色。数字技术几乎都由硬件(构成计算机和数字设备的物理组件)和软件(运行在其上的程序)组成。程序的核心是其实现的算法，即表达求解问题方法的一组指令(若不太像算法的定义，别担心，我们会在书中给出详细描述)。没有算法，计算机将毫无用处，现代技术也会不复存在。

> 数字技术几乎都由
> 硬件(构成计算机和数字设备的物理组件)和
> 软件(运行在其上的程序)组成。
> 程序的核心是其实现的算法。

我们的必备知识应与时俱进。在历史长河的大部分时间里，学校教育被认为是非必需的。大多数人是文盲，即使接受教育，也只是掌握一些实用技能。19 世纪初，全球人口中 80% 以上未受教育，而现在绝大多数人已接受多年的学校教育。预计到 21 世纪末，全球未受教育的人口比例将降为零。我们受教育的时间也在增加。1940 年，只有不到 5% 的美国人拥有学士学位，而 2015 年，这一比例几乎达到 1/3 ⊖。

在 19 世纪，没有一所学校教授分子生物学，因为无人知晓。直到 20 世纪，DNA 被发现。现在，它成为受教育人士应掌握的基

⊖ 由启蒙教育统计的全球进展的各项指标，请参阅 Pinker(2018)。

础知识。类似地，算法在古代就已存在，但仅有极少数人与之相关，直至现代计算机的出现。我相信，现在已到这样的时间点，算法将被认为是核心基础知识之一。除非我们知道算法是什么和它们如何运作，否则我们将无法理解它们能做什么，它们如何影响我们，如何通过算法得到预期结果，它们的限制是什么，以及它们正常运作的条件，等等。在依赖算法的日常生活中，提醒每位公民对算法有所了解是理所当然的。

学习算法可能以另一种方式对我们有所帮助。如果说学数学使我们有严谨的推理能力，那么了解算法会使我们具备一种崭新的算法思维模式，即把推理变成求解问题的实际步骤。这样，有效的算法实现（如程序）可在计算机中快速运行。即便我们不是专业程序员，设计实用且有效的求解步骤也是一种有益的思考方式。

> 了解算法会使我们具备一种崭新的算法思维模式，
> 即把推理变成求解问题的实际步骤。
> 这样，有效的算法实现（如程序）
> 可在计算机中快速运行。

本书的目的是向非专业人士介绍算法，使读者理解算法如何运作，而不是阐述算法在生活中的作用。有些书籍在某些方面做了杰出工作，如介绍如何改善大数据的处理，讨论将人工智能和计算设备融入日常生活对人类生存条件的改变。本书对"发生什么"不感兴趣，对"如何发生"感兴趣。为此，我们给出一些真实的算法，不仅描述它们做什么，更重要的是关注它们如何运作。我们将提供详细的解释说明，而非粗略的介绍。

"算法是什么?"答案非常简单,算法是求解问题的特定方法。这些求解方法可用一系列简单的求解步骤来描述,每步可由计算机快速且高效地执行。然而,这些解决方法并不神秘。它们仅由简单步骤组成这一客观事实,意味着算法不可能超越多数人的理解能力。

事实上,本书没有超出普通高中所学的知识。在书中会出现一些数学运算符号,因为如果没有它们,我们无法严谨地讨论算法。若某概念在算法中常用,但在计算机科学之外并不常用,则书中会给予解释。

已故物理学家斯蒂芬·霍金在1988年出版的畅销书《时间简史》的序言中写道:"有人告诉我,书中每加入一个方程都会使其销量减半。"这听起来好像是不祥的预告,因为数学符号确实在本书中多次出现。然而,鉴于两个缘由,我决定顶住压力继续这样做。第一,霍金的物理知识所需的数学水准是大学或更高层次,而本书所用的数学知识要简单得多。第二,本书的目的不仅是呈现算法做什么,更要表达它们怎么做。

在讨论算法时,读者应学会使用一些词汇,其中包括一些数学符号。符号不是技术人员的专属,熟悉它们有助于消除该学科的神秘感。最后,我们会明白,用这些符号能精确定量地谈论一些事情。

像这样的一本书不可能涵盖算法的方方面面,但可提供一份概述,向读者介绍算法的思维模式。第1章通过介绍"什么是算法"以及"如何评价算法性能"来奠定基础。随后可以说,算法是可用笔在纸上完成的有限步骤序列,这个简洁的描述与实际情况相差无几。第1章开始探讨算法和数学符号之间的关系,这两者间的主要差异是其实用性。对算法而言,我们感兴趣的是解决问题的实用方法,需要度量算法的实用性和有效性。我们会看到这些问题可用计算复杂度的概念来构建。

随后的三章是算法的三个最基本的应用领域。第2章介绍处理网络(或图)相关问题的算法。这些问题可能包括道路网络中的路径问题,社交网络中你和其他人的关联问题,以及在关系上并不明显相关的其他领域,如DNA测序和比赛调度。这些讨论表明可用相同的方法有效解决不同的问题。

第3章和第4章分别探讨如何搜索东西和把东西按一定顺序进行排列的问题。这些看似平淡无奇,却是计算机最重要的应用。计算机消耗大量时间来排序和搜索,但我们并未注意到这一事实,因为它们在多数应用中对用户是透明的。排序和搜索会使我们看到算法的重要一面。对某些问题,我们知道可用多个算法来解决,可根据某些特殊属性来选择这些算法,有些算法会比其他算法更适合。因此,了解不同算法如何解决相同问题是有益的。

其后两章介绍大型算法的重要应用。第5章用图来解释PageRank算法,该算法用于网页重要性的排序。PageRank是谷歌成立之初所使用的算法,该算法对搜索结果中的网页排序起着关键作用。有幸的是,了解PageRank算法的工作原理并不困难。这使我们明白算法如何解决看似不可能由计算机解决的问题:如何判断什么是重要的?

第6章介绍计算机科学中最活跃的领域:神经网络和深度学习。神经网络的成功在大众媒体上有所报道,图像分析、自动翻译或医学诊断等应用激起了人们的兴趣。我们从简单的单个神经元开始,构建大规模的神经网络来完成复杂任务。我们知道这些神经元是在一些基本原理的基础上运作的。这些神经网络工作效率的提升来自简单神经元的互连和使神经网络具有学习能力的算法应用。

在概述算法可做什么之后，在后记中探讨了计算的局限性。我们知道计算机已具有非凡的特性，但还是希望它在未来能做得更多，但是否存在计算机也不能做的事？我们对计算局限性的讨论可以对算法和计算的本质作更精确的解释说明。之前，我们把算法描述为一组可用笔在纸上完成的有限步骤序列，但这些步骤是什么样的？笔和纸如何贴切地类比真正的算法？

　　首先，感谢 MIT 出版社的 Marie Lufkin Lee，她提出出版此书的想法。感谢 Stephanie Cohen 在此过程中不断督促我，还要感谢 Cindy Milstein 的细致编辑以及 Virginia Crossman 对细节的关注和全方位的关心。

　　感谢 Diomidis Spinellis 对本书各部分所做的点评，特别感谢 Konstantinos Marinakos，他认真阅读了初稿，指出了一些错误，并提出有益的改进建议。

　　最后，感谢两位年轻人 Adrianos 和 Ektor，他们的人生理想在一定程度上受此书的影响，并感谢他们的母亲 Eleni，他们使我顺利完成此书。

目 录
Algorithms

什么是算法

算法时代

我们喜欢给某个时期贴上时代的标签，也许这样能让我们在时间流逝中抓住片刻。因此，我们把当下视为一个新算法时代的黎明。在这个时代，算法将影响生活中的方方面面。现在我们不再谈论计算机时代或互联网时代。不知何故，我们视之为理所应当。当引入算法时，我们暗示：某些不同性质的事情也许确已发生。前《纽约时报》记者、Radio Open Source 节目主持人 Christopher Lydon 说："瞧这神奇的算法，一段计算机代码，在这世俗年代代表着一种更高层次的管理机构，神乎其神。"事实上，当算法被用来组织政治活动、跟踪网上浏览的踪迹、跟踪购物行为并精准投送广告、推荐约会对象或监控我们的健康时，算法的行为就像某种高层次的管理机构⊖。

也许在算法的信徒周围笼罩着一层神秘的光环，被称为"程序员"或"计算机科学家"意味着你是一位体面的技术性人才。成为该群体中的一员几乎能改变生活中的一切，这有多好？

某种意义上，算法确实有神的一面。算法像神一样几乎不用负责任，因为事情的发生不受人力所控，而由算法决定，但算法置身事外。运行算法的机器在越来越多的领域超越人类，这使得人类的优势领域日见萎缩。有人相信，计算机在认知领域超越人

⊖ 算法时代(The Algorithmic Age)在 2018 年 2 月 8 日的 Radio Open Source 节目中播出。

类的日子已经不远了。

但算法也有不像神的一面，虽然我们常常视而不见。算法不会通过启示来产生结果。我们清楚知道算法所遵循的规则和所执行的步骤。无论结果多么美妙，都可追溯到一些基本操作。对算法新手来说，算法的基本操作如此简单令他们惊诧。这并非诋毁算法，而是明白算法如何运作才能消除其神秘感。与此同时，理解算法的运作方式，会使我们欣赏其设计的巧妙，即使它不再神秘。

编写本书的前提是算法其实并不神秘，它是协助我们完成任务的工具，是我们解决问题的特殊工具。按此思路，算法是认知工具，但不是唯一工具。数字和算术也是认知工具，人类花了数千年才逐渐演变出数字系统，孩子们在学校学习用数字系统计算，如果没有它就无法完成计算。现在我们认为计算是理所当然的，但在前几代人中仅有极少数人才知道这方面的知识。

同样，算法知识不应被少数精英所独有，作为认知工具，它们应被普罗大众而不仅仅是计算机专业人士所理解。更为甚之，算法知识应被更多人理解，因为这使我们能够正确地看待算法：了解它们做什么，如何做，以及实际期望它们做什么。

学习算法基本知识能使我们更有意义地融入算法时代。这不是强加给我们的时代，而是我们用自己设计的工具创造出来的时代。对这些工具的研究是本书的主题。算法是美妙的工具，理解算法是如何设计出来和如何运作的，可提升我们的思维方式。

我们将从纠正一个错误认知开始：算法是针对计算机的。这就好像在说数字是针对计算器的一样。

做事的方法

纸笔拼图、音乐、数字除法和粒子物理学的中子加速器——我们将看到，它们的共同点是使用了同样的算法，基于相同原理设计出的算法被应用在不同领域。怎会如此？

"算法"（algorithm）一词并未反映其含义，它取自 Muhammad ibn Mūsā al-Khwārizmī（约 780—850），一位研究数学、天文学和地理学的波斯学者，其研究广泛，且贡献良多。"代数"（algebra）一词源自其最有影响的阿拉伯书籍 *The Compendious Book on Calculation by Completion and Balancing*。他的第二部颇具影响的书籍 *On the Calculation with Hindu Numerals* 是关于算术方面的，该书被翻译成拉丁文后把印度-阿拉伯数字系统介绍给西方社会。他的名字 al-Khwārizmī 的拉丁文译为 Algorismus，该名后来用于表示十进制数的计算方法。受希腊词"数"（number）的影响，Algorismus 变成 algorithm。该词在 19 世纪含有现代词义之前一直用于表示十进制算术⊖。

你可能认为算法是计算机所做之事，但该想法是错的。之所以是错的，是因为在计算机出现之前，算法就已存在很久，第一个已知算法可追溯到古巴比伦⊖。上述想法是错误的另一个原因是算法不是必须用计算机才能处理的。算法是按部就班通过各类步骤用特殊方法来解决问题的。这看起来有点含糊。你可能会问：什么步骤？什么特定方法？我们可消除所有模糊性，并给出"算法是什么"和"做什么"的准确的数学定义。该定义确已存在，不再赘述。你可能很乐意接受这样的定义：算法是可用笔在纸上

⊖　译者注："数学"课程以前在小学就称为"算术"。
⊖　有关古巴比伦的算法描述，参阅 Knuth(1972)。

执行的一系列步骤。而且你会相信，该通俗的描述会接近数学家
和计算机科学家所采用的定义。

> 你可能认为算法是计算机所做之事，
> 但该想法是错的。
> 之所以是错的，
> 是因为在计算机出现之前，
> 算法就已存在很久。

我们用一个示例来介绍算法。假设有两堆物体，将一堆物体
尽可能均匀地散落到另一堆中。我们用交叉符（×）表示第一堆物
体，用圆点符（•）表示第二堆物体。下面把交叉符均匀地散落到
圆点符中。

若交叉符的个数整除圆点符的个数，则很容易解决。就像除
法一样，用交叉符在圆点符之间做均匀划分。例如，假设有 12 个
物体：3 个交叉符和 9 个圆点符。我们先放一个交叉符，然后放三
个圆点符：再放一个交叉符，接着放三个圆点符；最后放一个交
叉符和三个圆点符（如下图所示）。

× • • • × • • • × • • •

若两堆物体的总数（包括交叉符的个数和圆点符的个数）不能
被交叉符的个数整除，那怎么做？假设有 5 个交叉符和 7 个圆点
符，怎么办？先把所有交叉符放在一起，其后再放所有圆点符。
这样，它们就排成一行（如下图所示）。

× × × × × • • • • • • •

然后，把 5 个圆点符放在交叉符下面，如下图 a 所示。此时，

右边出现两列圆点符(相当于余数)。再把这两列圆点符放在最左边的两列下面,形成第三行(如下图 b 所示)。此时,我们有 3 列余数。再取最右边的两列放在最左边的两列下面(如下图 c 所示)。

至此,只有 1 列余数,停止操作。我们从左向右按列把这些符号连接起来,结果如下所示。

这就是问题的答案。在圆点符之间分布着交叉符。它们不像之前那样均匀分布,但均匀是不可能的,因为 5 不能整除 12。可是,我们避免了所有交叉符堆在一起,并创建了一种看似不太随意的排列模式。

你可能好奇:该模式有什么特别之处。若用 DUM 代替交叉符,da 代替圆点符,那就有意思了。该模式变为:DUM-da-da-DUM-da-DUM-da-da-DUM-da-DUM-da,这确实是一种节奏。节奏由重音部和非重音部组成。该节奏并非我们所设计,它被中非共和国的阿卡人所运用,是南非歌曲的拍手声,称为 Venda;它也是在马其顿和巴尔干半岛所常见的节奏模式;等等。若旋转它,使它从第二个交叉符(即重音)开始,则它变为:

这是哥伦比亚铃声模式，流行于古巴和西非，也是肯尼亚的一种鼓点模式，在马其顿也被运用。若旋转它，从第三、第四和第五重音开始，则形成了流行于世的其他节奏。

这仅是一次性事件？像之前创作 5 个重音和 7 个弱音那样，我们可创作一个 12 拍节奏：7 个重音和 5 个弱音。若用完全相同的过程，可得：

× • • × • × • × • × • •

这仍是一种节奏，常见于加纳阿莎提地区的 Mpre 节奏中。若从最后的重音开始旋转，则用于尼日利亚约鲁巴，也用于中非和塞拉利昂。

为了避免你觉得地理上有遗漏。若用 5 个重音和 11 个弱音来创作，可得到下面的节奏：

× • • • × • • × • • • × • • × • • •

这是循环的波萨–诺伐(Bossa-Nova)节奏，真正的波萨–诺伐节奏从第三个重音开始。因此，其准确乐谱是：

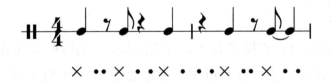

若试着用 3 个重音和 4 个弱音来创作，那会得到如下模式：

× • × • × • •

这种 $\frac{7}{4}$ 拍的节奏很流行，并不局限于传统音乐。在其他曲调中也有这种节奏，例如平克·弗洛伊德乐队的歌曲 *Money* 的节奏模式就是这样的：

　　许多节奏都可用上述在列中放交叉符、圆点符和旋转的方法创作出来。虽然我们用余数列来描述过程，但这确是表达实际情况的形象化方法。取代创建列、检查形状和旋转位移，我们用简单的数值运算来做同样的事情。让我们回到前面 12 个音节和 7 个重音节的示例。我们从 12 除以 7 开始，得到商 1 和余数 5（如下所示）。

$$12=1\times7+5$$

　　这意味着，开始放 7 个重音，建 7 列重音，接着 5 个非重音（余数）（如下所示）。

　　　　　　×　×　×　×　×　×　×　·　·　·　·　·

　　现在再除一次：用上次的余数 5，去除上次的除数 7。得到商为 1，余数为 2（如下所示）。

$$7=1\times5+2$$

　　这意味着，需把最右边的 5 列放在最左边的列之下，剩下的为余数 2（如下所示）。

　　　　　　　　×　×　×　×　×　×
　　　　　　　　·　·　·　·　·

　　重复同样的步骤：用前一次的余数 2，去除前一次除法的除数 5。得到商为 2，余数为 1（如下所示）。

$$5=2\times2+1$$

　　该结果告诉我们做两次相同操作：取最右边的两列放在最左

边的两列下，最后剩下的为余数 1（如下所示）。

注意："两次"的意思是，除不做除法外，与之前的步骤一样连续做两次操作。所做步骤如下所示。

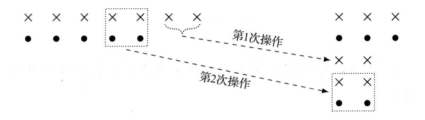

连接所有列，则得到 Mpre 节奏：

第一个算法

我们可用较准确的术语来描述算法中的步骤，例如用整数 a 和 b 来描述。假设 a 是各音节的总数。若重音节数多于弱音节数，则 b 是重音节数，否则，b 是弱音节数。开始时，创建一行：先重音节部，后弱音节部。

1. 用 b 除 a，得商 q 和余数 r，即 $a = q \times b + r$，这是整数除法。我们做 q 次操作：从最右边取 b 列，并把它们移到最左边列的下面。这样，在第 1 行右边剩下的 r 列就是余数。

2. 若余数 r 等于 0 或 1，则操作停止。否则，回到步骤 1，但这次，a 的新值为 b，b 的新值为 r。或换而言之，回到步骤 1，并将 a 置为 b，b 置为 r。

按以上两步，重复做除法操作，直至不需要重复为止。我们用下表跟踪所做的步骤，从 $a=12$ 和 $b=7$ 开始。如前所述，每行都有 $a=q\times b+r$：

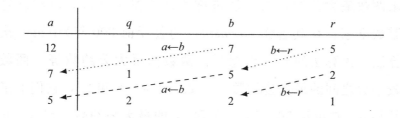

若检验上表，可验证表中每行对应列的形成和数据移位的步骤，但对所用方法，我们有较精确的定义。实际上，我们有用笔在纸上执行的步骤序列。该步骤序列就是我们的第一个算法！我们有创作多种音乐模式的算法，这些音乐模式可对应的音乐节奏之多令人惊讶。用不同的节拍数和弱音节数，我们可得到大约 40 种节奏模式，这些节奏存在于世界各地的音乐之中。稍等：这是一个简单算法（仅有重复的两步），却能生成如此多样的有趣结果。

这个算法的用途不止于此。像讨论两数相除那样，假设有如下问题：若有两个数 a 和 b，能整除它们的最大数是多少？该最大数称为这两个数的最大公约数。在初等算术中，我们学过最大公约数。比如，假设有 12 包饼干和 4 包奶酪，如何将它们分配到篮中，使每个篮子里有相等的饼干和奶酪数？因为 4 整除 12，所以可有 4 个篮子，每个篮子里有 3 包饼干和 1 包奶酪。这时，12 和 4 的最大公约数为 4。若有 12 包饼干和 8 包奶酪，那问题就更有趣些。虽不能用一个数整除另一个数，但能同时整除 12 和 8 的最大数为 4，这意味着也可有 4 个篮子，每个篮子里有 3 包饼干和 2 包奶酪。

如何求任意两个整数的最大公约数？我们知道：若两数之一

能整除另一个，则除数就是最大公约数。若非如此，求两数的最大公约数的结果就变为：求这两数相除的余数和除数的最大公约数。实际上用符号表达会更容易理解。假设有两个整数 a 和 b，a 和 b 的最大公约数等于 $a \div b$ 的余数和 b 的最大公约数。事实上，求节奏的方法与求两数最大公约数的方法相同。

求两数最大公约数的方法被称为欧几里得算法，以纪念这位古希腊数学家。在其著作 *Elements*（约公元前 300 年）中第一次描述该算法。该算法的基本思想是：两数的最大公约数等于两数之差和较小数之间的最大公约数。比如，取数 56 和 24，它们的最大公约数是 8，它也是 $56 - 24 = 32$ 和 24 的最大公约数。对 32 和 24 同样如此，以此类推。反复做减法实际上就是做除法。所以，欧几里得算法的描述如下：

1. 求 a 与 b 的最大公约数，做 b 除 a，得商 q 和余数 r，则 $a = q \times b + r$。

2. 若余数 r 为 0，则停止操作，a 和 b 的最大公约数就是 b。否则，重复步骤 1，但这次 a 的新值为 b，b 的新值为 r。或换而言之，回到步骤 1，并将 a 置为 b，b 置为 r。

这两步与之前的步骤基本一致。唯一不同的是：在求节奏的第 2 步，当余数为 0 或 1 时，操作停止，而欧几里得算法是在余数为 0 时停止。这其实是一样的，因为若余数为 1，则在下次重复步骤 1 时，得到数值为 0 的余数——因为 1 可整除每个整数。试试求 9 和 5 的最大公约数：

$$9 = 1 \times 5 + 4 \qquad 5 = 1 \times 4 + 1 \qquad 4 = 4 \times 1 + 0$$

所以，9 和 5 的最大公约数为 1。

下表可帮助理解当 $a = 136$ 和 $b = 56$ 时算法的执行过程，类似之前求节奏时所做的表格。我们求得 136 和 56 的最大公约数是 8。

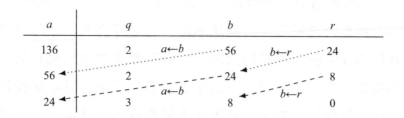

欧几里得算法对所有情况都是正确的，即使这两个整数除 1 之外没有公因子，比如 $a=9$ 和 $b=5$。若用 $a=55$ 和 $b=34$ 来执行算法步骤，你会明白情况如何。它会执行一些步骤，但算法最终会得出它们唯一的因子是 1。

欧几里得算法中的步骤会按明确次序执行。算法的描述说明了其求解步骤的组合方法：

1. 算法步骤依次排列。

2. 算法步骤可描述下一步骤的选择规则。在步骤 2，有一个判断余数是否为 0 的检测。然后根据检测结果有两个选择：要么算法停止，要么转回到步骤 1。

3. 算法步骤可放入循环（loop）或迭代（iteration）中，其中步骤被重复执行。在步骤 2 中，若余数不为 0，则转回步骤 1。

我们称这三种组合步骤的方法为控制结构（control structures），因为它们表达算法执行时将执行哪些动作。所有算法都按此结构描述。算法包含计算和处理数据的步骤，这些步骤用这三种控制结构精心编排并组合在一起。复杂算法有更多步骤，且步骤的编排也更复杂，但这三种控制结构足以描述任意算法步骤的组合方式。

除某些情况之外，算法中的步骤会处理我们提供的输入。输入是由算法处理的数据。用以数据为中心的观点来说，我们是用算法把描述问题的数据转换为可构成对应问题的解的数据。

求音乐节奏的算法是除法的应用。除法操作本身就是一个算法。即使你没听过欧几里得算法，你肯定知道两个大数如何相除。我们小时候都会花时间学习乘法和除法。老师会花数小时将执行这些操作的方法灌入我们的大脑：一组将数字放在正确位置，并对它们做相应操作的步骤——这些步骤就是算法。但正如我们所见，算法不仅仅针对数字，还可用于创作音乐。这也没什么神秘之处。节奏是在一段时间间隔内分配重音节的一种方法，同样的原理在分配饼干和奶酪问题上也起作用。

用于节奏的欧几里得算法还有一个不大可能的应用之处：田纳西州橡树岭国家实验室的中子源设备。这里的散裂中子源（Spallation Neutron Source，SNS）产生强烈的脉冲中子束用于粒子物理实验（动词"spall"的意思是把物质裂解成更小的碎片，在核物理中，重原子核受到高能粒子轰击后，会放射出大量的质子和中子）。在 SNS 的操作中，需正常运行一些部件，如高压电源，使脉冲束尽可能按时均匀发射。设计均匀分布的算法在本质上与节奏生成算法和欧几里得算法是相同的，它把我们从数字带到亚原子粒子和音乐等[⊖]。

算法、计算机和数学

我们说过算法与计算机无关，但现在绝大多数人把它们联系在一起。当算法与计算机结合在一起时，算法展现出其潜力，这是事实，但计算机实际上是一个特殊的机器，可命令它做一些确定的事务。我们通过编程（programming）来命令它，通常用编程来执行算法。

⊖ Eric Bjorklund(1999)在 SNS 中提出按时分配脉冲束数的算法。Godfried Toussaint(2005)提到节奏中的并行性，其研究是我们论述的基础。进一步的讨论参阅 Demaine 等(2009)。有关算法和音乐的长篇大论，参阅 Toussaint(2013)。

这里引入一些编程术语。程序设计（或编程）是将我们的想法（或思路）转换为计算机能理解的符号的学科，称这些符号为程序设计语言（programming language），因为有时程序看起来像是用人类语言书写的，但与人类语言的丰富性和复杂性相比，程序设计语言相当简单。当然，计算机并非真能理解这些东西。若在未来能造出真正的智能机器，则有些事情会有所变化，但现在说计算机能理解符号，其真实含义是：这些符号能转换成一系列指令来操控电路中的电流（也可用光而非电流，其原理一致）。

> 程序设计（或编程）是将我们的想法（或思路）
> 转换为计算机能理解的符号的学科，
> 称这些符号为程序设计语言。

若算法是一组我们自己能执行的步骤，则程序设计是用计算机能理解的符号编写这些步骤的活动。然后执行这些步骤的是计算机。计算机执行算法比人快得多，所以，计算机可在极短的时间内执行算法。计算的基本要素是（计算）速度。计算机和人类所能做的事情无本质差异，但计算机做得更快——快很多。算法能在计算机上体现出其威力，是因为算法用计算机执行所需时间仅为人类完成相同步骤所需时间的微小部分。

> 若算法是一组我们自己能执行的步骤，
> 则程序设计是用计算机能理解的符号编写这些步骤的活动。

程序设计语言是向计算机描述算法步骤的一种方法，它用三种控制结构构建算法：顺序、选择和循环。用程序设计语言所提供的词汇和语法来编写和编排算法步骤。

除运算速度外，用计算机还有一大优势。如果你回顾一下学习乘法和除法时的情景，可能需大量练习，而且还枯燥乏味。如前面所说，这些东西在我们小时候就被灌输到大脑中，但是灌输可不是一个快乐过程。计算机不会因厌烦而苦恼，所以用计算机执行算法的另一原因就是使我们脱离单调乏味，而有时间去做更有趣的事情。

虽然算法用程序语言编写后可在计算机上运行，但算法由人来编写，这些人需了解算法如何工作以及算法何时被使用。这带来一些重要的东西，这些东西即使是经验丰富的计算机科学家和老练的程序员有时也会忘记。真正理解算法的唯一办法就是人工执行它。我们必须有能力执行算法，就像计算机执行实现算法的程序那样。现如今，我们有丰富多彩的媒体来帮助我们学习：高品质的视频、动画和仿真仅需一次点击。所有这些都很好，但若你沉迷于此，你的笔和纸就被冷落在侧。同样的情形也会发生在很多地方：你真明白如何创作节奏吗？你试图创作过吗？你能求出 252 和 24 的最大公约数吗？

所有的程序都是通过步骤序列来完成某件事的，我们可能会说，所有的程序都是算法。但严格来说，我们希望算法的步骤满足某些特性[⊖]：

1. 步骤必须在有限步内结束，算法不能永远运行(程序可以永远运行，只要运行它的计算机处于运行状态。但程序不是算法的实现，它仅是一个计算的过程)。即算法的步骤具有有穷性。

2. 步骤必须明确，我们不能模棱两可地执行它们。即算法的步骤具有无二义性。

3. 算法应对一些输入数据进行操作。在欧几里得算法中，它

⊖ 这些特性来自 Donald Knuth(1997，第 1 卷)，他也是用欧几里得算法开始其论述。

作用于两个整数。

4. 算法应有输出，一个算法的最终目的就是产生某些信息来作为算法的结果。在欧几里得算法中，算法的输出就是两个整数的最大公约数。

5. 算法必须有效，我们可用笔和纸在合理时间内执行算法中的每一步。即算法的步骤具有可行性。

算法步骤的这些特性确保了算法可以完成某件事。算法之所以存在，是因为它可以为人们做有用的事。同时也会存在无聊的算法，有些计算机科学家或是有心搞笑，或是无心之过，设计出无用的算法，但我们真正感兴趣的是那些实用的算法。在使用算法时，仅证明某些事可以被解决是不够的。我们希望算法具有实用价值，或正确完成某些事务的实用目的。

算法与数学之间有根本的区别。大部分早期的计算机科学家都是数学家，计算机科学也运用了大量的数学知识，但计算机科学不是数学学科。区别在于数学家想证明某事如此，而计算机科学家想使某事可以运作。

算法的第一个特性说明它需要有限的步骤。这样说不太明确。我们不仅要求算法有有限步骤，还希望在实际中有足够少的步数，这样能使算法在合理的时间内完成。这也就意味着，仅讨论算法步骤的有限性是不够的，在实际中算法还必须有效率。下面用一个例子来说明"知道某事"和"知道如何有效做某事"的差异。假设有下图所示的网格。

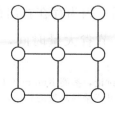

我们想找出从网格左上角到右下角的最短路径，且同一位置不许到达两次。路径长度等于网格中两点之间的线段个数。求解的一种方法是找出所有这样的路径，算出每条路径的长度，选出最短的路径，或此连接下的任意最短路径。路径的总数是 12，如下图所示。

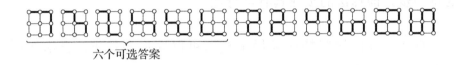

六个可选答案

这里有 6 条长度为 4 的路径，所以，可任选其中一条。

实际上，并不局限于 3×3 的网格，可有 4×4、5×5 甚至更大的网格。然而我们发现之前的方法不能很好地推广。对 4×4 的网格，从左上角到右下角共有 184 条路径。对 5×5 的网格，这样的路径数增加到 8512 条。路径的数量持续快速增长——事实上，是更快速地增长——甚至计算这样的路径数就是一项挑战。对 26× 26 的网格，我们得到：

$$\underbrace{8\ 402\ 974\ 857\ 881\ 133\ 471\ 007\ 083\ 745\ 436}_{30位}\ \underbrace{809\ 127\ 296\ 054\ 293\ 775\ 383\ 549\ 824\ 742}_{30位}$$

623 937 028 497 898 215 256 929 178 577 083 970 960 121 625 602 506 027 316 549

718 402 106 494 049 978 375 604 247 408

条路径。该数有 151 位十进制数字，是通过实现算法的计算机程序求出的。是的，我们通过一个算法去理解另一个算法的行为[一]。

枚举所有路径并从中选出最短路径的过程无疑是正确的，并总能给出最短路径或最短路径中的任意一条(若存在多条等长的路径)，但该算法肯定不实用，因为存在找出最短路径且不需要枚举所有路径的算法。该算法可节省大量时间，也可处理任意规模的网

[一]　有关网格中枚举路径的讨论，参阅 Knuth(2011，253～255)；该例和路径图片源于此。有关求出所有可能路径总数的算法，参阅 Iwashita 等(2013)。

格。对 26×26 的网格，找出答案的步骤仅为百位数量级。你将在下章看到此算法。

"什么是实用算法"以及"一个算法比其他算法更实用的含义是什么"，这样的问题是算法应用的核心。在本书后面部分，我们将看到：解决相同问题会有不同算法，对问题的特定场景，我们如何选择最合适的算法。像所有工具那样，某些算法比其他算法更适合某些特定的情形。不过，与那些工具不同的是，我们有明确的方法来评估算法的优劣。

评价算法

在研究求解问题的算法时，我们想知道算法是如何运行的。运行速度是一个重要因素，毕竟用计算机执行算法来求解问题要比我们人工快多了。

随着计算机硬件的进步，我们不满足于了解实现算法的程序如何在特定的计算机上运行。我们自己的计算机可能比检测算法的计算机更快或更慢，且若干年后，在以往机器上得到算法的测量结果仅具有历史价值。我们需要一种衡量算法优劣的方法，且该方法不依赖于计算机硬件。

求解问题的规模应该在衡量算法性能上有所体现。我们并不在意排序 10 个数据所需的时间，因为我们可以人工完成。我们关心 100 万或更多数据进行排序所需的时间。在用算法处理困难的问题时，我们需要一个能反映算法性能的度量指标。

为此，我们需要一种量化问题规模的方法。对不同问题，我们感兴趣的维度也不同。若想用计算机对一定数量的数据进行排序，则相应维度是待排序数据的个数（而非数据的组成或大小）。若做两数相乘，则其相应维度是这两个数的位数（对手工计算来说，这也是有意义的，长乘法之所以"长"，是因为乘法依赖每个数字有多少位）。当我们在研究某问题，并选择处理它的算法时，我们总需在相关维度下考虑问题的规模。

虽然对于特定问题可用不同方法来评估其规模，但对每个问题，我们最终用一个整数来代表问题规模，并用 n 来表示。对前面的例子，n 是待排数据的个数或做乘法的数据位数。下面我们讨论处理问题规模为 n 的算法性能。

算法所需的时间与其计算复杂度（computational complexity）有关。算法的计算复杂度是指它运行时所需的资源总量。这里有两类主要资源：时间（需要多长）和空间（需要多少存储单元）。

我们现在主要关注算法所需的时间。由于不同计算机有性能差异，在一台特定计算机上执行算法所需的时间可能会预示它在其他电脑上运行所需的时间，但我们想要更通用的性能指标。计算机的速度取决于它执行基本操作所需的时间。为了免受不同计算机性能的影响，我们选择讨论运行算法所做的操作数量（the number of operations），而不是在特定计算机上执行这些操作所需的实际时间。

声明在先，我们会有点混用术语，将"操作"和"时间"视为同义词。虽然我们应严格说算法需进行"x 次操作"，但也会说算法需要"时间 x"，以此来表示算法在任意计算机上实际执行 x 次操作所需的时间。虽然实际运行时间会因硬件不同而有所变化，但当我们在同一台计算机上来比较在"时间 x"和"时间 y"上运行的两个算法时，这就不是问题了，也不管该计算机到底是哪一台。

下面回来讨论算法所处理问题的规模。就像我们只关心重要问题那样，我们不关注小规模问题，我们仅关注问题达到一定规模时所发生的事。我们不会确切说明问题规模是多大，但总会假设问题规模是可观的。

在实际中，有一个已被证实有用的复杂度定义。它也有符号和名称，记为 $O(\cdot)$，并称为大 O 符号。在大 O 里点的位置，我们可写一个表达式。$O(\cdot)$ 的意思是算法所需时间最多是该表达式的数倍。下面来看看其具体含义：

- 若在一个有 n 个数据的无序序列中找某个数据，则其复杂度是 $O(n)$。也就是说，对于 n 个数据，在这些数据中找某个特定数据所需时间不超过数据个数的数倍。
- 若用长乘法将两个 n 位数相乘，则其复杂度是 $O(n^2)$。也就是说，乘法所需时间不超过数据位数平方的数倍。

若一个算法的复杂度为 $O(n)$，对于输入规模为 10 000（即 $n=$ 10 000）的问题，该算法需执行几万步。若算法复杂度为 $O(n^2)$，对于类似规模的输入，算法需执行 1 亿步操作。对很多问题，这样的规模并不算大。计算机可以按部就班地排序 10 000 个数据，你可看到算法复杂度所表示的操作步数规模会随着输入规模的增大而大幅增长。

这里有一些例子，它们可帮助你理解所遇数据的规模。取 1000 亿，或 10^{11}，即 1 后面有 11 个"0"。若把 1000 亿个汉堡叠在一起，它们可绕地球 216 圈，从地球到月球排一个来回。

下面列举几个重要的数量单位：

- giga(billion)：10^9，10 亿。在计算机领域称为千兆。
- tera(trillion)：10^{12}，1 万亿。若一秒数一次，需 31 000 年才能从 1 数到 1 万亿。
- peta(quadrillion)：10^{15}，1000 万亿。按生物学家 E. O. Wilson 的说法，生活在地球上的蚂蚁总数在 1～1 万万亿之间。也

就是说，地球上有 1～10peta 只蚂蚁。

- exa(quintillion)：10^{18}。它大约是 10 个大海滩中的沙粒数。比如：10 个科帕卡巴纳海滩有 1exa 粒沙子。
- zetta(sextillion)：10^{21}。在可观察的宇宙中，有 1zetta 颗星星。
- yotta(septillion)：10^{24}。
- googol：10^{100}。也许你知道有一个公司用有意误拼的名字来命名。
- googolplex：$10^{10^{100}}$ ⊖。

在此书后面将检验一些特定的算法，以上这些类比有助于我们理解这些算法的相对优势。虽然理论上我们有各类复杂度的算法，但通常所涉及的算法仅有很少几类复杂度。

常见的时间复杂度

在所有算法中，速度最快的一类是运行时间不超过常数时间的算法，不论它们的输入是什么。我们用 $O(1)$ 表示其复杂度。例如：判断数值是奇数还是偶数的算法，它不受数值大小的影响，且在常数时间内完成。$O(1)$ 中的 "1" 源于这样的事实，$O(1)$ 表示算法在不超过 1 步的数倍内完成，即常数步内完成。

在介绍下一类复杂度之前，我们对复杂度的增长或缩小方式稍作介绍。若多次加某个数，则可乘它。若多次乘某个数，则可取其幂或指数。我们刚看到指数(如 10^{12} 或更大)数字是怎样变大的。有些指数的极快增长速度在前期可能并不明显，这种现象称为指数增长(exponential growth)。

⊖ 有关这些数量的描述，参阅 Tyson、Strauss 和 Gott(2016，18～20)。在 Dave Eggers 的小说 *The Circle* 中，一家真正的科技公司计算出了撒哈拉沙漠中的沙粒数量。

有关国际象棋的一个虚构故事也许具有说明性。国际象棋发明国的统治者问该发明者想要什么作为礼物。他答道,他想在棋盘的第一个方格中放一粒谷物,第二个方格中放两粒谷物,第三个方格中放四粒谷物,以此类推。国王认为这很容易实现,并答应其愿望。不幸的是,事情很快就超乎了他的想象。谷物的数量以 2 的幂增长(如下表所示)。

	第 1 方格	第 2 方格	第 3 方格	⋯	第 i 方格	⋯	第 64 方格
谷物数	$2^0=1$	$2^1=2$	$2^2=4$	⋯	2^{i-1}	⋯	2^{63}

因此,在最后的方格中,谷物的数量为 2^{63},这是一个用任何财产都无法达到的数量(它等于 9 223 372 036 854 775 808,约为 9×10^{18})。

指数增长可帮助我们理解为什么多次折叠一张纸是困难的。每折叠一次,折叠纸的层数就翻倍。10 次折叠后,就有 $2^{10}=1024$ 层。若纸张的厚度为 0.1 毫米,则现在折叠纸的厚度就超过 10 厘米。除了折成两半需要强大的力量外,物理上也不可能实现,因为折叠某样东西,其长度必须大于其厚度⊖。

指数级增长是这些年计算机变得越来越强大的原因。根据摩尔定律(Moore's law),集成电路中晶体管的数量大约每两年翻一番。该定律用 Gordon Moore 的名字来命名,他创办了 Fairchild 半

⊖　为折叠 n 次,纸张必须足够大。若你总沿同一方向折叠,那你将需要一张很长的纸。纸的长度由公式 $L=\dfrac{\pi t}{6}(2^n+4)(2^n-1)$ 给出,其中,t 为纸张厚度,n 为折叠次数。若在不同方向交替折叠一张正方形的纸,则正方形的宽度 $W\approx\pi t 2^{1.5(n-1)}$。

　　这些公式要比简单的 2 次幂复杂,其原因是:每次折叠会失去部分纸张,因为折叠边缘需弯曲;在计算这些弯曲时,公式中才出现了 π。这些公式是 Britney Crystal Gallivan 在 2002 年提出的,当时她还是一名初中生。她演示了用 1200 米长的厕纸对折 12 次。有关指数的精彩介绍(包括本例),参阅 Strogatz(2012,第 11 章)。

导体公司和 Intel 公司。他在 1965 年提出该观察现象，该定律被证明是有预见性的。因此，我们的处理器已经从 1971 年的大约 2000 个晶体管(Intel 4004)增长到 2017 年的超过 190 亿个晶体管(32 核的 AMD Epyc)[一]。

在理解增长后，我们来探讨其反方向。若有某数的倍数，我们可用除法来进行反向操作，并得到其原值。若有某数的指数 a^n，你该如何进行反向操作？指数运算的逆运算是对数(logarithm)。

对数有时被当作普通人的数学知识与专业人士的数学知识之间的分水岭，甚至连名称都有点令人费解。若对数令你感觉有点迷惑，则需谨记，一个数的对数是该数幂运算的逆运算。就像取幂时要反复乘一样，取对数时要反复除。

"一个数的多少次幂是我想要的值？"对数就是该问题的答案，该数称为对数的基数。所以，若该问题是"10 的几次幂变为 1000？"其答案是 3，因为 $10^3 = 1000$，10 是基数。当然，我们可能想求不同数的幂次，也就是用不同的基数。对数符号为 $\log_a x$，所对应的问题是 a 的几次幂为 x。当 $a = 10$ 时，可省去下标，因为以 10 为基数的对数是常见形式。所以可不用写成 $\log_{10} x$，而简写为 $\log x$。

还有两个常见基数。当基数是数学常数 e 时，我们写作 $\ln x$。该数学常数 e 称为欧拉数(Euler's number)，即自然常数，其值近似为 2.718 28。在自然科学中，经常用到 $\ln x$，这是称之为自然对数(natural logarithm)的原因。另一个基数为 2，我们用 $\lg x$ 的书写形式代替 $\log_2 x$。以 2 为基数的对数常见于计算机科学和算法中，在其他领域几乎不用。在折纸问题中，若一叠纸有 1024 层，

[一] "Transistor Count", Wikipedia, https://en.wikipedia.org/wiki/Transistor_count。

则它已被折叠了 $\lg 1024 = \lg 2^{10} = 10$ 次。在国际象棋的例子中，谷物数由翻倍次数决定，即 $\lg 2^{63} = 63$。

在算法中经常看到 $\lg x$ 的原因是，当我们把一个问题分解成两个相等规模的小问题来解决时，$\lg x$ 就出现了。称该求解策略为分而治之(divide and conquer)，其工作原理就像把一张纸折成两半。在一组有序数据中搜索数据的最有效方法的复杂度为 $O(\lg n)$。这是相当令人惊讶的，它意味着在 10 亿个有序数据中查找某一数据，只需对数据进行 $\lg 10^9 \approx 30$ 次探测(或比较)。

对数时间复杂度的算法仅次于常数时间的算法，下一类算法是复杂度为 $O(n)$ 的算法，它被称为线性时间(linear time)算法，因为其运行时间与 n 成比例增长，即其运行时间按 n 的数倍增长。在一组无序数据中搜索数据，其所需的时间与数据的个数成正比，即 $O(n)$。与数据是有序的情形相比，理解问题数据的组织方式对求解复杂度的增长速度有很大的影响。一般情况下，若算法必须遍历问题的全部输入，则线性时间是所期望的最好结果，因为对 n 个输入，就需要 $O(n)$ 时间。

若把线性时间和对数时间算法组合在一起，我们就得到线性对数时间(loglinear time)算法，其时间复杂度为 n 乘其对数，即 $n\lg n$。最好的排序算法(按序排列数据)的复杂度为 $O(n\lg n)$。看起来有点惊奇。若你有 n 个数据，并希望将每个数据与其他数据进行比较，则需要 $O(n^2)$ 时间，这要比 $O(n\lg n)$ 大$^\ominus$。另外，若有 n 个待排数据，则一定需 $O(n)$ 时间来检查它们。排序这些数据需

$\ominus$　这是因为在 n 个数据之间进行比较，需取其中之一，与其他 $n-1$ 个数据进行比较，然后，取另一个数据，再与剩下的 $n-2$ 个数据进行比较(它已与第一个数据比较过)，等等。这样总共需要 $(n-1)+(n-2)+\cdots+2+1 = n(n-1)/2$ 次比较。由大 O 的定义可得：$O(n(n-1)/2) = O\left(\dfrac{n^2-n}{2}\right) = O(n^2)$。若算法的运行时间为 $O(n^2)$，则其实际运行时间为 $O\left(\dfrac{n^2-n}{2}\right)$。

将数据个数乘以一个比 n 更小的因子。书中后面部分将会讨论这是如何做到的。

下一类复杂度是 n 的常数次幂，表示为 $O(n^k)$，称为多项式复杂度（polynomial complexity）。多项式时间算法是高效的，除非 k 很大，但这种情况很少发生。在求解问题时，若能想出一个多项式时间算法，那是令人欣喜的。

形如 $O(k^n)$ 的复杂度称为指数复杂度（exponential complexity）。注意：指数复杂度和多项式复杂度的差异是，前者的指数是变量，后者的指数是常数。我们见识过指数的爆炸式增长（如国际象棋的例子）。对非平凡的输入，在宇宙毁灭前也许都看不到指数算法的答案。这类算法在理论上有价值，因为这表明可以找到解。然后我们再来寻找复杂度较低的更好的算法，或证明不存在更好的算法。对此类情况，我们可勉强接受一些次佳结果，例如近似解。

存在比指数增长速度还快的计算，它就是阶乘（factorial）。自然数 n 的阶乘（记为 $n!$）是所有从 1 到该数的自然数的乘积，例如 $100! = 1 \times 2 \times 3 \times \cdots \times 100$。即使你没见过 $100!$，你也可能在不经意时见过 $52!$。因为 $52!$ 是一副牌的不同排列数。运行时间为阶乘的算法具有阶乘复杂度（factorial complexity）。

虽然像 $100!$ 这样的数字看起来好像有点奇特，但它们会出现在一些非奇特场景中，而不仅在纸牌游戏中。以下面的问题为例，已知一组城市和每两个城市间的距离。那么游览每座城市一次，且回到出发地的最短路径是什么？该问题被称为旅行商问题（Traveling Salesman Problem，TSP）。求解该问题的简单方法是：遍历所有城市间的每条路径。不幸的是，对 n 个城市，其路径总数为 $n!$。当有 20 座城市时，该问题就变得难以求解。存在一些算法，其复杂度略优于 $O(n!)$，但还不够实用。对这样一个看似简单的问题，在可接受的时间内解决问题的唯一方法是找到一个可能不是最优解，但非常接近最优解的解决方案。许多有实际价值的问题都是难解问题(intractable)，也就是说，我们还没有能准确解决此类问题的实际算法。尽管如此，寻求更好的近似算法(approximation algorithm)也是计算机科学中一个充满活力的研究领域。

在下表中，对不同的 n 值，列出不同的函数值，这些函数与相应的复杂度对应。第一行给出 n 值，也代表线性复杂度，其后的行表示复杂度的递增。随着 n 的增加，函数值也增加，但其增长速度不同。函数 n^3 从 100 万增长到 10^{18}，但与 2^{100} 或 100! 相比，就显得微不足道。我们在 n^k 行下面划出双横线，用于区分"实用算法"和"非实用算法"。这两类算法的边界是多项式算法，正如所见，多项式算法是实用算法。复杂度高的算法通常不具有实用价值。

n	1	10	10^2	10^3	10^6
$\lg n$	0	3.32	6.64	9.97	19.93
$n\lg n$	0	33.22	664.39	9965.78	$1.99 \cdot 10^7$
n^2	1	10^2	$(10^2)^2 = 10^4$	$(10^3)^2 = 10^6$	$(10^6)^2 = 10^{12}$
n^3	1	10^3	$(10^2)^3 = 10^6$	$(10^3)^3 = 10^9$	$(10^6)^3 = 10^{18}$
n^k	1	10^k	$(10^2)^k = 10^{2k}$	$(10^3)^k = 10^{3k}$	$(10^6)^k = 10^{6k}$
2^n	2	1024	$1.3 \cdot 10^{30}$	10^{301}	$10^{10^{5.5}}$
$n!$	1	3 628 800	$9.33 \cdot 10^{157}$	$4 \cdot 10^{2567}$	$10^{10^{6.7}}$

图

18 世纪，有些哥尼斯堡市民会在星期天下午环城闲逛。哥尼斯堡建在普雷格尔河两岸。河水在城内冲出两个大岛，这两个岛之间以及岛和陆地之间共有七座桥相连。

回顾欧洲历史，哥尼斯堡曾隶属于普鲁士、俄罗斯、魏玛共和国和纳粹德国。第二次世界大战后，它成为苏联的一部分，并被命名为加里宁格勒，这是它现在的城市名称。虽不与俄罗斯接壤，但它是俄罗斯领土。加里宁格勒是俄罗斯在波罗的海的一块飞地，位于波兰和立陶宛之间。

过去，在市民心中萦绕着一个问题：是否有可能徒步经过全部 7 座桥，且只经过一次。该问题用所在城市的名称命名为哥尼斯堡桥问题(Königsberg bridge problem)。为了解问题的原貌，下面给出哥尼斯堡当时的地图，桥周围用椭圆标注。城中有两个岛，图中仅能看到一个完整的岛，另一个岛延伸到图右侧之外⊖。

⊖ 图片取自维基共享，https://commons.wikimedia.org/wiki/File：Konigsberg_Bridge.png。此图片在公共域中。

　　我们不确定瑞士数学家欧拉是如何知道这个问题的。1736 年 3 月 9 日，普鲁士丹泽市长在一封信中提到该问题，丹泽市位于哥尼斯堡以东 80 英里（现称为格但斯克，属于波兰）。与欧拉通信好像是该市长为促进普鲁士的数学发展所做贡献的一部分。

　　欧拉当时居住在俄罗斯的圣彼得堡。他研究了这个问题，并于 1735 年 8 月 26 日向圣彼得堡科学院的院士提出一个解决方案。第二年，欧拉用拉丁文写了一篇描述其求解方法的论文[⊖]。论文的答案是否定的：不可能通过每座桥仅一次来游览这座城市。虽然这只是一段有趣的数学史，但为了解决此类问题，欧拉创造了一个全新的数学分支——图论[⊜]。

　　在讨论图论之前，我们先来看看欧拉是如何解决该问题的。他抽象化问题的本质，不用哥尼斯堡的详细地图来描述该问题。欧拉画出下图[⊜]。

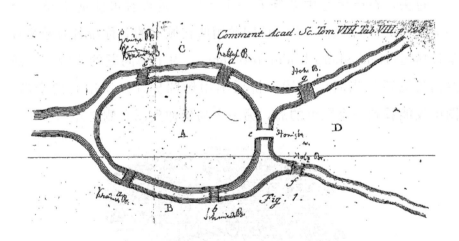

　　他用字母 A 和 D 表示两个岛，用 B 和 C 表示河两岸。随后他

⊖　这篇论文（Eulerho 1736）可从 Euler 档案（http://eulerarchive. maa. org）中检索，该档案由美国数学协会维护。其英文版参阅 Biggs、Lloyd 和 Wilson(1986)。

⊜　图的文献很多，入门阶段建议阅读 Benjamin、Chartrand 和 Zhang(2015)。

⊜　图片源自原始出版物（Eulerho 1736），取自维基百科共享，https://commons. wikimedia. org/wiki/File:Solutio_problematis_ad_geometriam_situ_spertinentis, _fig_1. png。此图片在公共域中。

图　　　29

摆脱具体的几何结构，对图中桥、岛和陆地之间的连接做进一步抽象，因为这些才是问题的本质。

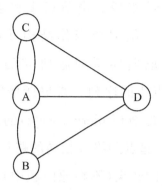

我们把陆地画成圆圈，把桥画成连接圆圈的线。这样原问题就被重新描述为，假设有一支铅笔，从任意圆圈处下笔，是否可能不提笔地沿线经过所有线仅一次？

欧拉的解法是这样的。无论如何进入一块陆地后都一定要离开，除非它是路径的起点或终点。因此，除起点和终点外，每块陆地都必须有偶数座桥，从而使得每次从一座桥进入，从另一座桥离开。现在来看图，数数连接每块陆地的桥的个数。你会发现每块陆地都有奇数座桥与之相连。陆地 A 有 5 座桥，B、C 和 D 有 3 座桥。无论选择哪块陆地作为起点和终点，都需经过另外两块陆地，且每块陆地都只有奇数座桥。我们不可能通过桥进入和离开每块陆地仅一次。

假设我们在旅行中到达陆地 B，则必须经过一座桥才能到达它，再经过另一座桥才能离开。在之后的某时刻再经第三座桥进入 B，因为我们必须要经过所有桥。但这时，我们将被困在陆地 B，因为没有第四座桥可以离开，并且也不能第二次经过已通过的桥。对陆地 C 和 D 也一样，它们也有 3 座桥。陆地 A 有 5 座桥，把它当作游行途中的点，同样的讨论也成立。在经过 A 的 5 座桥后，我们不能经另一座不存在的桥离开 A，因为没有第六座桥。

我们所画的图由圆圈和连接它们的线组成。为使用恰当的术语，我们创建一个结构，该结构由边(edge)或链(link)相连的节点(node)或顶点(vertice)组成。由节点集和边集组成的结构称为图(graph)。欧拉是第一位把图当作结构并研究其性质的学者。用现代语言描述，哥尼斯堡桥问题研究的是路径问题(path)，图中的路径是连接节点边的序列。哥尼斯堡问题是寻找欧拉路径(Eulerian path)或欧拉遍历(Eulerian walk)的问题，即寻找经过每条边恰好一次的足迹。起点和终点相同的路径称为巡回(tour)或回路(circuit)。若添加新的约束(不在原问题中)，使欧拉路径的起点和终点为同一节点，则称之为欧拉巡回(Eulerian tour)或欧拉回路(Eulerian circuit)。

图的应用非常之多，用节点和连接节点的边来建模的任何东西都可用图来表示。一旦如此建模，就可解答各种有趣的问题。在此我们可以先睹为快。

在开始之前，有个小细节需要交代。我们说图是由顶点集和边集所组成的结构。在数学中，一个集合不含两个相同元素。然而，在哥尼斯堡问题的描绘中，同一条边出现了多次。例如，在 A 和 B 间有两条边，边由其起点和终点来区分。所以，A 和 B 间的两条边实际上是同一条边的两个实例。边集并非一个真正的集合，它是多重集(multiset)，即允许其元素有多个实例的集合。同样，哥尼斯堡图也非一个真正的图，而是多重图(multigraph)。

从图到算法

图的定义是宽泛的，只要某种东西可以被表达为事物之间的关联，就可将其视为图。图可与某场景的拓扑结构有一定的关联性，但节点和边与表示空间中的点之间可能没有什么关联。

图　　31

图的定义是宽泛的，

只要某种东西可以被表达为事物之间的关联，

就可将其视为图。

社交网络（social network）就是一个图的例子。在社交网络中，节点是社交参与者（可能是个人或组织），边表示他们间的互动关系。社交参与者可能是现实世界的一员，边可能是他们在电影中的合作关系。在社交网络的应用中，社交参与者可能是我们自己，边是我们与他人的联系。我们可以用社交网络来寻找社区，该应用的前提是社区是由人们相互关联所形成的。现在已有算法能在含有数百万个节点的图中有效地找出各种社区。

在哥尼斯堡图中，边是无向的，这表示可双向通过其边。比如，可从 A 到 B，也可从 B 到 A。节点间的联系是相互的，社交网络也如此。但这种双向性并非必要。根据应用情景，图中的边可以是有向的。若边是有向的，则在边的终点处画一个箭头。带方向的图简称有向图（digraph），如下图所示。（注意：该图不是多重图，从 A 到 B 的边不同于从 B 到 A 的边。）

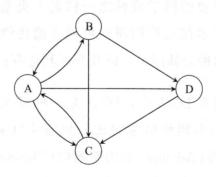

万维网（World Wide Web）就是一个（巨大）有向图的例子。我们可以这样描述万维网：节点表示网页，边表示网页间的超链接。该网络图是有向图，因为一个网页可链接到另一个网页，但另一个网页不一定会链回到第一个网页。

若在图中从某节点开始，遍历边并能够回到起始节点，我们称该图有回路（cycle）。并非所有图都有回路。虽然哥尼斯堡图没有欧拉回路，但它有回路。科学史上著名的有回路图（实际上是多重图）是 August Kekulé 关于苯分子的结构模型[⊖]。

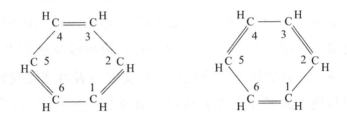

没有回路的图称为无环图（acyclic graph）。有向无环图（directed acyclic graph）是一类重要的图。有向无环图有很多应用，比如用它表示任务间的优先次序（任务是节点，优先次序是任务间的边）、依赖关系、先决条件和其他类似的条件。我们先暂缓关注无环图，先专注有环图，它是我们了解图算法的起点。

路径和 DNA

近几十年最重要的科学成就之一就是人类基因组的解码。由此成就开发出的技术使得我们现在可调查遗传性疾病、检测基因突变、研究灭绝物种的基因组，以及开展其他有益的研究和应用。

基因组被编码在 DNA 中，DNA 是一种双螺旋结构的有机大分子。双螺旋结构由四种碱基组成：胞嘧啶（Cytosine）、鸟嘌呤（Guanine）、腺嘌呤（Adenine）和胸腺嘧啶（Thymine）。双螺旋结构中的每个部分都由一系列碱基构成，如 ACCGTATAG。根据 A-T

⊖ 图片源自 Kekulé(1872)，取自维基百科，https://en.wikipedia.org/wiki/Benzene#/media/File:Historic_Benzene_Formulae_Kekul%C3%A9_(original).png。此图片在公共域中。

图   33

和 C-G 规则，双螺旋中的另一部分都与其第一部分相对应的碱基相连。因此，若一个螺旋是 ACCGTATAG，则另一个螺旋一定是 TGGCATATC。

为确定未知 DNA 片段的组成，我们可开展如下工作。先创建链的多个副本，并将它们分割成若干小片段，比如每个片段仅含三个碱基。利用特制仪器，我们很容易标识这些小片段。这样我们就得到一组已知片段。剩下的问题就是把这些片段拼接成 DNA 序列，这样就得到了 DNA 组成。

假设有以下已知的片段或高分子：GTG、TGG、ATG、GGC、GCG、CGT、GCA、TGC、CAA 和 AAT，每段长度都为 3。为确定被分割的 DNA 序列，我们设计一个图。图中顶点是长度为 2 的高分子，它是由长度为 3 的高分子派生而来的，即取长度为 3 的高分子中的前两个和后两个高分子。因此，从 GTG 可得 GT 和 TG，从 TGG 可得 TG 和 GG。在图中，在原始高分子(长度为 3)的两个派生顶点之间添加一条有向边，并在这条边上标记原高分子的名称。由 ATG 可得顶点 AT 和 TG 以及边 ATG。由上例可得下图。

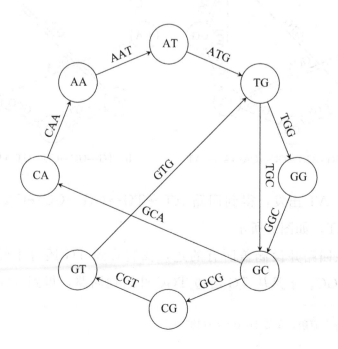

在上图中，我们只需找出恰好经过所有边一次的回路，即欧拉回路，这样就能得到原 DNA 序列。在图中求欧拉回路的 Hierholzer 算法是德国数学家 Carl Hierholzer 在 1873 年提出的，其步骤如下[一]：

1. 任选一个起始节点。

2. 沿边从一个节点到另一个节点，直到返回起始节点。这样所得的回路不一定包括所有边。

3. 在所得的回路中，若存在一个顶点，它是某边的端点，且该边不在所得的回路中，则从该顶点开始，用还未用过的边寻找另一条路径，直至回到该起点，从而形成另一回路。然后把后面所得的回路拼接到前面已得到的回路中。

对下面的图，用该算法可找出路径。

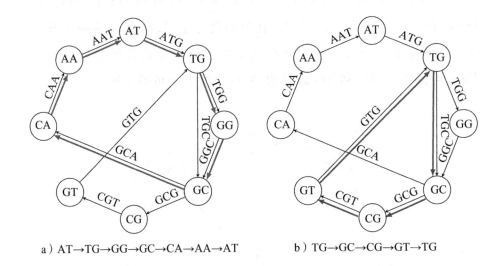

a）AT→TG→GG→GC→CA→AA→AT   b）TG→GC→CG→GT→TG

- 从 AT 出发，得到回路 AT→TG→GG→GC→CA→AA→AT，如图 a 所示。

- 该回路并没涵盖所有的边，我们看到 TG 还有未经过的边 TGC。于是从 TG 沿边 TGC 开始找回路，得到 TG→GC→

─────────────
㊀ 德文原版，参阅 Hierholzer(1873)。

图   35

CG→GT→TG，如图 b 所示。

☐ 把第二个回路拼接到第一个回路中，得到如下图所示的回路：

AT→TG(→GC→CG→GT→TG)→GG→GC→CA→AA→AT

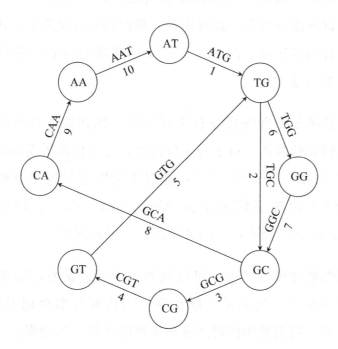

若从第一个节点沿结果路径遍历到最后一个节点，且每个顶点中公共碱基仅拼接一次，最后的节点不拼接，可得 DNA 序列 AT-GCGTGGCA。我们可验证该序列包含了示例中的所有高分子，若环绕序列首尾(在到达序列末尾时再转到开始)，可得 CAA 和 AAT。

在此示例中，我们仅找到一个额外回路，并把它拼接到原回路中。一般情况下，图中可能存在更多回路。只要图中还有顶点和边未被涵盖，算法中的第 3 步就会重复执行。Hierholzer 算法是快速的，若算法被恰当实现，其运行时间是线性的，算法的时间复杂度为 $O(n)$，其中 n 是图中边数⊖。

⊖ 有关 Hierholzer 算法和欧拉路径的其他算法的更多细节，参阅 Fleischner (1991)。有关图在基因重组中的应用，参阅 Pevzner、Tang 和 Waterman (2001)，以及 Compeau、Pevzner 和 Tesler(2011)。

锦标赛赛程安排

假设你正在组织一次锦标赛比赛活动，每场比赛有两位参赛选手，所以该活动将有一系列比赛。我们共有 8 位选手参赛，每位选手将进行四场比赛。问题是如何安排比赛的赛程，使每位选手每天仅参加一场比赛。

一个简单的日程安排是每天仅进行一场比赛，并允许比赛活动持续足够长的时间。由于有 8 位选手，且每位选手需参加 4 场比赛，比赛将持续 16 天（8×4/2，除以 2 是因为每场比赛被计数两次）。假设 8 位选手的名字为 Alice、Bob、Carol、Dave、Eve、Frank、Grace 和 Heidi，并用名字的首字母来标识。

若用图来建模该问题，可以找到一个更好的解决方案。用顶点表示参赛选手，边表示一场比赛，用比赛日期标记对应的边，如下图所示。我们是如何得到这个比赛的日程安排的呢？

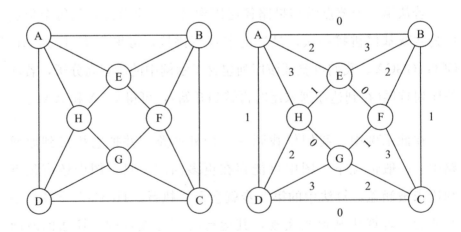

我们认为比赛日程是连续的。假设比赛活动从日程 0 开始，然后一天接一天地安排所有比赛。

1. 任取还未安排的比赛。若已安排了所有比赛，则停止安排

图　　37

工作。

2. 把某场比赛安排在最早的日程，且两位参赛选手在当天都没有其他比赛。返回步骤 1。

上述算法看似简单，你可能会怀疑它是否真能解决问题。让我们手动安排一次，看看会如何。当在图上应用该算法时，我们在下表中逐一检查安排的比赛和比赛的日程。先看表的左两列，依次向右看两列。

比赛	比赛日	比赛	比赛日	比赛	比赛日	比赛	比赛日
A，B	0	B，C	1	C，F	3	E，F	0
A，D	1	B，E	3	C，G	2	E，H	1
A，E	2	B，F	2	D，G	3	F，G	1
A，H	3	C，D	0	D，H	2	G，H	0

从安排 Alice 和 Bob 的比赛开始。Alice 的比赛日程安排如下表所示，安排过程如下。

比赛选手	日程 0	日程 1	日程 2	日程 3
Alice	Bob	Dave	Eve	Heidi

- Alice 和 Bob 在日程 0 都没有比赛，也就是说，日程 0 可安排他们之间的比赛。
- 取一场还没安排的比赛，比如 Alice 和 Dave。虽然不需要这样，但在接下来的安排中，我们按比赛选手的字典序来安排比赛，也可按其他方式来选取比赛选手，甚至是随机选取，只要为每场比赛安排一个日程即可。Alice 已在日程 0 有比赛，所以该场比赛的最早日程是日程 1。
- Alice 和 Eve 间的比赛。由于 Alice 在日程 0 和日程 1 都有比赛，所以该比赛安排在日程 2。

□ Alice 的最后一场比赛是和 Heidi，她在日程 0、日程 1 和日
程 2 都有比赛，因此这场比赛安排在日程 3。

Alice 的所有比赛都安排完毕，接着考虑 Bob 的比赛。除 Bob
和 Alice 的比赛（该比赛已安排）外，其他比赛日程安排过程如下
（安排结果如下表所示）。

比赛选手	日程 0	日程 1	日程 2	日程 3
Alice	Bob	Dave	Eve	Heidi
Bob		Carol	Frank	Eve

□ Bob 和 Carol 的比赛。由于在日程 0 Bob 已安排了比赛（和
Alice），所以这场比赛可安排在日程 1。

□ Bob 和 Eve 的比赛。我们发现 Bob 在日程 0 和日程 1（刚刚
安排的）已有比赛，而 Eve 在日程 2 安排了与 Alice 比赛。
因此，这场比赛可安排在日程 3。

□ Bob 和 Frank 的比赛。由于 Bob 在日程 0 和日程 1 都有比赛，
在日程 2 空闲，当天 Frank 也没有比赛。所以，日程 2 可安
排 Bob 和 Frank 的比赛，这场比赛早于 Bob 和 Eve 的比赛。

安排完 Bob 比赛后，我们来安排 Carol 的比赛。比赛日程安排
过程如下（结果如下表所示）。

比赛选手	日程 0	日程 1	日程 2	日程 3
Alice	Bob	Dave	Eve	Heidi
Bob		Carol	Frank	Eve
Carol	Dave		Grace	Frank

□ Carol 和 Dave 在日程 0 都没比赛，所以这场比赛可安排在
日程 0。

图   39

- Carol 和 Frank 的比赛可安排在日程 3，因为 Carol 在日程 0（刚安排好的）和日程 1（与 Bob，之前已安排）有比赛，而 Frank 在日程 2 已安排与 Bob 比赛。
- Carol 和 Grace 的比赛可安排在日程 2，因为 Carol 在日程 2 没有比赛（在日程 0、日程 1 和日程 3 都已安排），Grace 还没安排比赛。

我们可用类似方法安排剩下的比赛。有趣的是，图中内方格和外方格中的比赛安排在前两天。在不同群体间的比赛开始前，这两个群体的内部比赛被并行安排。最后我们所得到的解决方案比原来需 16 天的简单方案有了明显的改进，只需四天就能完成。

实际上，锦标赛日程安排问题是一个更普遍的问题的实例，这个问题就是边着色（edge coloring）问题。图的边着色问题是指对边分配颜色，使相邻边被分配不同颜色。这里的颜色是一种象征性事物。在上面的例子中，颜色是比赛日程。通常颜色是任意互不相同元素的集合。若不是给边着色，而是给图的顶点着色，使由一条边连接的两个顶点被分配不同颜色，这就是点着色（vertex coloring）问题。毫无疑问，边着色和点着色都是图着色（graph coloring）问题。

边着色算法是简单且高效的（每条边都取且仅取一次）。该算法就是所谓的贪心算法（greedy algorithm）。贪心算法是指在求解问题的每个阶段都找局部最优解，而非全局最优解的算法。贪心算法对很多问题都是有用的，在求解过程中需做选择时，其选择策略是"现在看起来是最好的"。在算法工作过程中，指导我们选择的策略被称为启发式（heuristics），它源自希腊语 heuriskein，意为"去找"（一个解）。

一番思考后，我们意识到，在算法中，就像在现实生活中那样，现在看起来最好的策略可能并不是真正最好的策略。迟到的喜悦可能是最好的回报，而现在最好的选择可能是日后后悔的根源。想象你正在爬山，贪心启发策略在每个岔口选择最陡峭的路径（假设你的攀爬能力无与伦比）。这并不一定使你到达顶峰，而很可能使你到达一个高原，从这里到达顶峰的唯一方法就是走回头路。而通往山巅的实际道路可能是通过一段平缓的斜坡。

在计算机科学中，经常使用攀爬比喻求解问题。我们对问题进行建模，使问题的解位于山峰之巅，并尝试寻找正确的走法，这就是所谓的爬山法（hill climbing approach）。当我们到达某个类似高原之地时，我们说到达了一个局部最优（local optimum）值，但不是全局最优（global optimum）值，全局最优值是我们追求的最高巅峰。

从爬山策略回到比赛日程安排问题。对每场比赛，我们都选择最早可选时间，但不幸的是，这可能不是安排所有比赛的最佳方法。事实上，图着色问题是一个难解问题。我们所给的算法不能保证一定能得到最优解，即需最少比赛天数（通常在图着色问题中是颜色）的解。与节点相邻的边数称为节点的度（degree）。可以证明，若图中节点的最大度为 d，则其边至多可用 d 或 $d+1$ 种颜色进行着色，其边着色所需的颜色数称为图的着色数（chromatic index）。在安排比赛的例子中，其解是最优的，$d=4$ 且比赛日程也为 4 天。然而，该算法在其他图中可能找不到最优解，它可能会给出一个更差的解。图着色的贪心算法的有益之处就是，使我们知道这个最优解离我们有多远：它给出的解可能需要多达 $2d-1$ 种颜色，而不是 d 种颜色，且不会比 $2d-1$ 种颜色更多。

若你想知道这是怎么发生的，请考虑由若干"星星"连接一个中心点所组成的图，如下图所示。

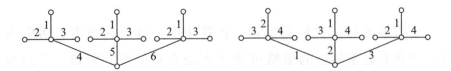

图　　41

假设有 k 个星星，每个星星有 k 条边，再加 1 条连接中心点的边。我们从星星开始边着色，对每个星星的边着色需 k 种颜色，还需另外 k 种颜色对连接星星和中心节点的边进行着色。这样共需 $2k$ 种颜色，如上页左图所示。但这不是最优解。若我们从连接星星和中心节点的边开始边着色，则需 k 种颜色。然后仅用一种额外颜色就可对星星之间的边进行着色。此时共需 $k+1$ 种颜色。所做的着色方案如上页右图所示。该着色数符合理论值，因为每颗星星的度为 $k+1$。

该问题说明，贪心算法用最终不能得到最优解的方式决定边着色的次序，用专业术语来说，使用的是不能得到全局最优解的方式。它可能找得到最优解，也可能找不到最优解。此外，它与最优解的差距并不大。也许这是一种安慰，因为图的着色问题太难了，若想设计一个对每个图都能找到最优解的精确算法，则该算法的时间复杂度是指数级的，约为 $O(2^n)$，其中 n 是图中的边数。因此，精确的边着色算法是无法应用的，除非对小规模的图例。

上述贪心算法有一个好的特性(除实用外)。它是在线算法(on-line algorithm)，即使开始时输入是未知的，该算法依旧照常运作。在算法开始运行时，无须知道图中的所有边，算法也可正确运作，即使在其运行算法时图是每次一条边逐步构建的。这种情况是可能发生的，比如我们开始安排比赛日程时，还有选手报名参加比赛。当新加边时，我们仍能对边(比赛)进行着色。每当完成图的构建，算法都能对其边进行着色。甚至若按该方式添加边来创建图，该贪心算法是最优算法；在一边求解问题一边构造图的情况下，不管求解效率如何，都根本不存在精确算法[⊖]。

⊖ 在线边着色贪心算法的优化分析和体现出最坏情况的星形图例，参阅 Bar-Noy、Motwani 和 Naor(1992)。

最短路径

如上所见，贪心算法的工作原理是在每步都做最好的决策，但它不一定是全局最好的决策。它有机会主义和及时行乐的感觉。不幸的是，正如伊索寓言告诉我们的那样，一只仅为今朝而活的蚱蜢会因冬天的到来而后悔，而一只会为未来准备的蚂蚁会度过舒适又温暖的一生[⊖]。在规划锦标赛日程时，我们发现蚱蜢可能没那么糟。而现在是蚂蚁雪耻之时。

在第 1 章，对用穷举所有可能路径来寻找网格中两点间最短路径的方法，我们讨论了其不可行性。我们知道在实际中也是不可能的，因为路径的数量会急剧增长。用图的知识，我们知道存在其他方法。实际上，我们可提高该问题的难度。不在网格中找最短路径，因为网格有很好的几何结构，且所有相邻点之间的距离都相等，我们允许出现任何几何形状，甚至两点间出现不同距离。

为此，我们创建一个图，用节点和边表示地图，并在地图上找两点间的最短路径。另外，在每条边上附加一个权重（weight）。该权重可为正或零，是两连接点间距离的度量。该度量可为用英里表示的距离或用小时表示的经过该边所需的时间或任何其他非负数值。路径长度（path length）是路径中边的权重之和，两点间的最短路径（shortest path）是长度最小的路径。若所有边的权重为 1，则路径长度就等于路径中的边数。一旦允许权重有其他值，该结论就不再成立。

下面的图中有 6 个节点和 9 条不同权重的边。我们想找从节点

图　43

A 到 F 的最短路径。

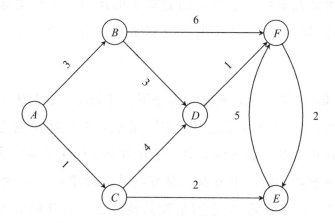

若采用贪心策略，则先从节点 A 到 C，再做最好的选择到节点 E，然后到达节点 F。路径 $A \rightarrow C \rightarrow E \rightarrow F$ 的总长度为 8。但这不是最短路径。最短路径应该是 $A \rightarrow C \rightarrow D \rightarrow F$，其总长度为 6。因此，贪心策略不能得到正确结果，与锦标赛比赛的日程安排相比，相对实际的最短路径，算法不一定就是性能最差的。然而，再与比赛日程安排相比，它存在寻找最短路径的有效算法。所以实际上根本没理由用贪心策略。

1956 年，年轻的荷兰计算机科学家艾兹格·迪杰斯特拉（Edsger Dijkstra）和其未婚妻在阿姆斯特丹购物。当他们累了时，就在一个露天咖啡馆坐下来喝杯咖啡，迪杰斯特拉在那里思考从一个城市到另一个城市的最佳路径问题。他仅用 20 分钟就构思出解决方法，虽然该算法花了三年时间才得以发表。然而令他惊讶的是，这短短 20 分钟的发明，使他走上了杰出的人生之路，也令他声名鹊起⊖。

该算法是如何做到的？我们想在图中寻找从一个节点到所有其他节点的最短路径。该算法使用一种叫作松弛（relaxation）的思

　⊖　迪杰斯特拉在 2010 年接受 Misa 和 Frana 的采访时讲述了该发明的插曲。

路：为所要找的值（这里是距离）赋一个预估值。算法开始时，这些预估值可能是最坏的数值。随着算法的运行，可放宽这些预估值，从开始时的最坏估值逐渐变成越来越好的估值，直至得到正确数值。

在 Dijkstra 算法中，松弛过程如下。开始时，从起始节点到所有其他节点被赋一个尽可能差的距离数值，置这些距离为∞，显然没有比这更差的。在下图 a 中，已在节点上标注了最短路径的估值和到达本节点的前一个节点。对节点 A，标注 0/－，因为 A 到 A 的距离为 0，在到达 A 之前也没其他节点。对其他节点，标注 ∞/－，因为距离为∞，且不知从哪个节点到达是最短路径。

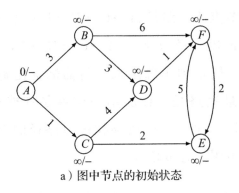

a）图中节点的初始状态

取迄今到节点 A 距离最短的节点，它就是节点 A 本身。设它为当前节点，且将其标记为灰色，如下图 b 所示。

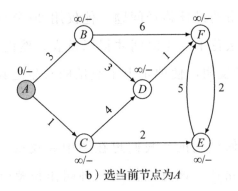

b）选当前节点为A

从节点 A 检验其到邻接节点 B 和 C 的最短路径估值。开始

图　　45

时，这些估值都为∞，但事实上，现在发现从 A 到 B 边的权重为
3，从 A 到 C 边的权重为1。因此，修改从 A 所到达的路径距离估
值，并在节点 B 上标注 $3/A$，在节点 C 下面标注 $1/A$。算法完成
节点 A 的操作，更新相应的图，并标记节点 A 为黑色。用当前最
佳估值来选择未访问的节点，即节点 C，如下图 c 所示。

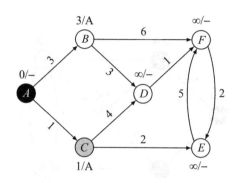

c）完成节点 A，选当前节点为 C

从节点 C，检验其到邻接节点 D 和 E 的最短路径估值。它们
现在为∞，但我们知道经过节点 C 可到达到它们。从节点 A 到节
点 D 经过节点 C 的路径总长度为5，所以在节点 D 上标注 $5/C$。
从节点 A 到节点 E 经过节点 C 的路径总长度为3，所以在节点 E
上面标注 $3/C$。完成节点 C 的操作并标记黑色，然后移到用当前
最佳估值所选择的未访问节点。节点 B 和 E 有相同的最佳估值3。
任取其一，假设选取节点 B。如下图 d 所示。

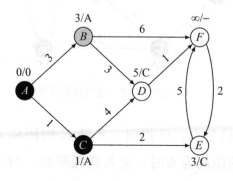

d）完成节点 C，选当前节点为 B

用同样方式，从节点 B，检验其到邻接节点 D 和 F 的最短路径估值。对节点 D，从 C 到达的估值为 5，此值比从 B 到达的估值 6 要小。所以节点 D 的距离估值保持不变。节点 F 的当前距离估值为 ∞，所以从 A 到达 F 经 B 的距离更新为 9。标记节点 B 为已访问，并移到用当前最佳估值所选择的未访问节点 E，如下图 e 所示。

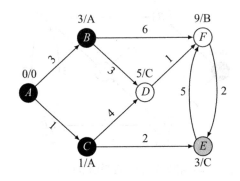

e）完成节点 B，选当前节点为 E

E 和 F 是邻接节点。从 E 到 F 的路径长度为 8，优于从 B 找到的路径。更新路径，并标记 E 为已访问。移到用当前最佳估值所选择的未访问节点 D，如下图 f 所示。

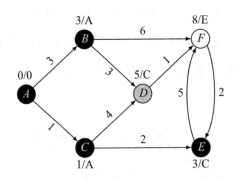

f）完成节点 E，选当前节点为 D

D 与 F 是邻接节点，已找到一条经 E 的距离为 8 的路径。当从 A 到 F 经 D 的距离为 6 时，更新路径距离。与之前一样，移到用当前最佳估值所选择的未访问节点 F，如下图 g 所示。

图　　47

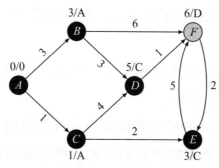

g）完成节点 D，选当前节点为 F

从节点 F，检验是否应该更新其邻接节点 E 的距离估值。到 E 的当前路径长度为 3，而经 F 到达 E 的路径距离为 8。所以，节点 E 的标记不变。访问节点 F 并无不同，但事先不知。在访问所有节点后，算法结束，如下图 h 所示。

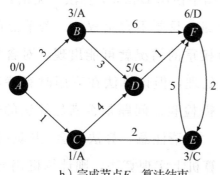

h）完成节点 F，算法结束

在执行算法时，我们记录路径长度和最短路径中每个节点的前一节点。之所以这样做，是为了在算法结束时，可在图中找到从 A 到其他节点的最短路径。比如从最后的节点 F 开始回溯到起点。取其前节点 D，D 的前节点为 C，C 的前节点为 A。所以，从 A 到 F 的最短路径为 $A \rightarrow C \rightarrow D \rightarrow F$，其总长度为 6。这就像前面所讨论的回溯方法。

最后，Dijkstra 算法能找出从起点到图中所有其他节点的最短路径。该算法是有效的，其复杂度为 $O((m+n)\log n)$，其中 m 为图中边数，n 为节点数。下面是算法描述：

1. 置起点到起点的距离为 0，起点到所有其他节点的距离为 ∞。

2. 找出距离最小的未访问节点，并置其为当前节点。若没有未访问节点，则算法结束。

3. 检验当前节点的所有邻接节点。若之前到邻接节点的距离大于经当前节点到该邻接节点的距离，则放宽距离并更新该邻接节点的路径。执行步骤 2。

若我们仅关心到某个特定节点的最短路径，则在步骤 2 选择该节点时算法可停止。一旦如此，算法已找到了到达该特定节点的最短路径，且在此后的执行过程中都不会改变。

我们可在任何图中使用 Dijkstra 算法，无论它是有向图或无向图，即使它包含回路，只要不含负权值。若节点间的边代表某种奖励或惩罚，则负权重的情况就可能出现。对含负权重的图，有其他有效的算法来处理，但该算法在应用时有特定要求。在寻找算法求解问题时，需检验该问题是否满足算法的要求。否则，算法将不能正确运行。但请注意，算法不会（主动）告诉我们它不能正确运行。若在计算机上实现算法，则计算机仍会执行算法步骤，即使这样做毫无意义。它将会给出一个无意义的结果。我们需确保对确定的任务选用正确的工具。

在寻找算法求解问题时，
需检验该问题是否满足算法的要求。
否则，算法将不能正确运行。
但请注意，
算法不会（主动）告诉我们它不能正确运行。

图　　49

举一个极端的例子，想象一下，若某图不仅有负权重，而且还有边的权重值之和为负的回路——一个负权回路，那么结果会如何？没有算法能找出此图中的最短路径，因为不存在最短路径。若存在负权回路，则可绕此回路转一圈又一圈，每绕一圈，其路径长度都会减小。我们可以永远环绕下去，沿该回路的路径长度将会变成负无穷。当把一些无意义的东西放入程序时，计算机科学家和程序员称之为无用输入（garbage in）和无用输出（garbage out）。我们应该找出这些无用的东西，并知道什么时候用什么。在大学里，算法课程的一项重要内容是教那些年轻的计算机科学家何时运用何种算法来解决问题。

搜　索

从翻译文本到驾驶汽车，算法可以做各种事情，这可能会使我们对算法的主要用途产生误解。但除了搜索数据的算法以外，你未必能找到任何有用的计算机程序。

这是因为搜索以不同形式出现在各种应用场景中。程序接收输入数据后经常需在其中搜索一些东西，因此搜索算法几乎肯定会被用到。搜索不仅是经常性的操作，而且可能还是应用中最耗时的操作，因为需要经常发生搜索操作。好的搜索算法会为程序的执行速度带来极大的改善。

> 搜索以不同形式出现在各种场景中……
> 好的搜索算法会为程序的执行速度带来极大的改善。

搜索是指在一组数据中寻找特定的数据项。搜索问题的一般性描述有多种形式。被搜索数据可按搜索相关的次序存储或以随机次序存储，这使搜索算法有很大差异。当数据逐一出现时，就必须在每个数据出现时即刻做出判断，因为我们没法重做判断。若在数据集中反复搜索，则知道某些数据是否比其他数据更受欢迎就显得尤其重要，这样就可因找到所需数据而快速结束搜索过程。本章将研究上述搜索方式，但请记住还有更多的搜索方式。例如，我们将提到精确搜索（exact search）问题，但在许多应用中需要近似搜索（approximate search），如当用户误拼单词时，拼写检查器将搜索与误拼单词相似的单词。

随着数据量的增加，对大数据进行有效搜索的能力变得越来越重要。我们将看到，若被搜索数据是有序的，则搜索方法可有效扩展。在第 1 章中我们就指出过，在 10 亿个有序数据中，通过大约 30 次探测就可找到某个数据。下面讨论这是如何做到的。

最后要说明的是，当用计算机程序实现搜索算法并在特殊计算机的限制下运行时，搜索算法会存在潜在危险。

大海捞针

最简单的搜索方法就是"大海捞针"法。若想在一堆物件中寻找东西，且这些物件间是无结构的，则唯一可用的方法就是一个一个地检查，直至找到想找的东西或穷举后依然没有找到。

若在一副牌中寻找特定的一张，可从这副牌的第一张开始取牌，直至找到想找的牌或翻完所有牌也没找到。另外，也可从一副牌的底部一张一张地取牌，甚至从这副牌中随机抽取。这些方法的搜索原理是一样的。

通常计算机处理的不是物理对象，而是这些对象的数字表示。计算机中表达数据组的常用方式是列表（list）。列表是一种存储数据的数据结构，其存储方式是通过一个数据项可找到下一个数据项。我们通常考虑的是含指针的列表，一个数据项用指针指向下一个数据项，直至最后一个数据项，最后一个数据项不指向任何数据项。这种叙述与事实相差不大，因为计算机用内存存储数据项。在链表（linked list）中，每个数据项有两个数据域：实际数据和指向列表中下个数据项的内存地址。称存储其他内存地址的内存单元为指针（pointer）。因此，链表中每项数据都含一个指向下一项数据的指针。列表的第一项数据称为头（head）。列表的数据项也称为节点（node）。列表中的最后一个节点不指向任何地方，通常说它指向"空"（null），即计算机中的虚无之地。

列表是一个数据序列，该序列不一定按某个特定标准排序。例如，下面是一些字母的列表：

若有一个无序列表，在其中找某个数据的算法描述如下：

1. 取列表头节点。

2. 若该数据项是所找的数据，则报告数据已找到，并停止算法。

3. 转到列表中的下一个数据项。

4. 若当前数据项为 null，则报告没找到所找数据，并停止算法。否则，返回步骤 2。

称上述查找方法为线性（linear）或顺序搜索（sequential search）。它没什么特别之处，就是依次检查每一个数据项，直至找到所需数据。实际上，该算法使计算机从一个指针跳到另一个指针，直至到达所找数据或 null。下图显示在搜索 E 或 X 时会发生什么情况（找到 E，没找到 X）。

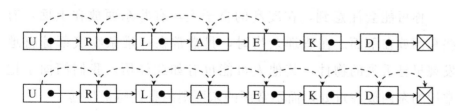

若在 n 个数据项中搜索，最好的情况是立即就能找到所需数据，若所找数据在列表头节点中，就会如此。最坏的情况是所找数据在列表的最后节点或不在列表中，则必须遍历所有 n 个数据项。所以，顺序搜索的时间复杂度为 $O(n)$。

若数据是随机存储在列表中的，则在搜索时间上没什么可优化的。回顾前面扑克牌的例子，若这副牌洗得很均匀，则不会有什么好办法知道所找牌的位置。

有时我们会遇到类似情况。若在一大堆文件中寻找一份文件，我们只能不厌其烦地一个一个翻找。我们甚至会想，若这份文件在这堆文件的最底部，那多倒霉。于是我们停止依次翻找这堆文件，而从这堆文件底部查看。从最底部查看文件也没错，但若认为这样可改善搜索效率，那就错了。若文件是随机堆放的，那被搜索的文件处在第一个位置、最后一个位置或中间位置的概率相同，堆放在任何位置都是可能的。所以，由上往下的搜索策略和其他搜索策略是一样的，只要该搜索策略对每一个数据项都仅检索一次。若按某特定次序进行搜索，则跟踪查找轨迹通常会比无规则地乱找更简单。这是我们喜欢按顺序搜索的原因。

只要无法怀疑所找数据在某个特定位置，那上述结论就成立。若非如此，则搜索方式会有所改变，可利用任何额外信息来加快搜索过程。

马太效应与搜索

你可能会注意到，在凌乱的桌子上，有些东西放在上面，有些东西放在下面。在清理杂物时，我常常在一堆杂物底部惊喜地发现早已丢失的物件，其他人可能也有如此经历。我们倾向于把常用的东西放在近处，而不常用的东西则离我们越来越远。

假设有一堆工作所用文件。这些文件未按任何方式整理过。我们通过遍历这堆文件来寻找所需文件，处理完会随手把它放在这堆文件的最上面，而非放回原处，然后再去忙自己的事。

在工作中，往往是非等概率使用所有文件的情况。我们可能多次使用某些文件，而很少使用其他文件。若用完文件后都把它放在文件堆的顶部，则一段时间后，我们会发现常用文件在顶部附近，而不常用的文件移向文件堆底部。这对我们来说是方便的，因为花较少的时间就能找到经常使用的文件。因此，总的搜索时间会减少。

上述描述暗示了一种通用的搜索策略，该策略应用于我们反复查找同一数据项，且查找某些数据项要比查找其他数据项频繁的场景。在找到数据项后，把它前移。这样在下次寻找它时，就能快速找到。

这种策略的可用性如何？这取决于我们需要多长时间来观察出这种受欢迎度上的差距。事实上，这种情况经常发生。我们知道"富人越富，穷人越穷"这句话。其实它不仅是说富人和穷人的事。同样的事情在不同领域也时常出现。这种现象叫马太效应（Matthew effect），它取自马太福音中的经文："因为凡是有的，还要加给他，叫他有余；没有的，连他所有的也要夺过来。"

这段经文讲的是物质财富，所以我们就花点时间来思考一下财富的问题。假设你有一个可容纳 8 万人的体育馆，你可测算馆内人员的平均身高。测算结果是 1.70 米左右。设想一下，你从体育馆内随机移出一人，然后放入世上最高的人。馆内人员的平均身高会有多大不同？哪怕最高的人有 3 米高（如此身高未被记载过），馆内人员的平均身高仍会保持在之前的数值上，前后平均身高之差小于 0.1 毫米。

设想一下，不是测算平均身高，而是测算平均财产。馆内 8 万人的平均财产可能为 100 万美元（假设是一群富人）。现在再把馆内一人换为世界上最富有的人。此人可能有 1000 亿美元。这会造成什么差距？是的，会造成很大差距。平均财产从 100 万美元增加到 2 249 987.5 美元或多于两倍。我们意识到财富在全世界不是均匀分布的，但没意识到分布是如此不均匀。它比像身高这种自然分布还不均匀。

在许多其他场合下，天赋也存在同样的差异。有些演员你从未听说过，而有些明星出演很多电影，并赚取数百万美元。"马太效应"这一术语是由社会学家 Robert K. Merton 在 1968 年提出的，他观察到，著名科学家所获荣誉要比那些不太出名的同事所获荣誉更多，即使他们的贡献相似。科学家越有名，他们就会变得更有名。

语言中的单词遵循同样的模式，一些单词比其他单词更流行。这些以"不平等"为特征的领域包括：城市规模（大都市比普通城市大几倍），网站的数量、链接和人气（多数网站仅偶尔被访客浏览，而其他网站会有数百万浏览者）。近年来，这种分配不均的现象普遍存在，即少数人获得了不成比例的资源，这一直是一个研究热点。研究者正在找出呈现这种现象的原因和规律⊖。

被找数据在查找频率上存在差异，这是有可能的。搜索算法可利用搜索数据项的不同查找频率来进行搜索，这样的搜索算法的运作方式比较像把每次找到的文件放在文件堆的顶部：

1. 用顺序搜索查找数据项。

2. 若找到该数据项，则报告"已找到"，并把它放在列表的最前面，成为新的头节点，停止算法。

3. 否则，报告"没找到"，并停止算法。

在下图的列表中查找 E，并把它放到列表的最前面。

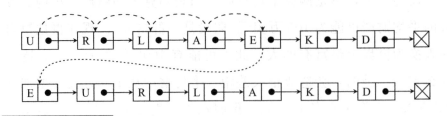

⊖ "马太效应"的第一次描述，参阅 Merton(1968)。对不均匀分布现象的概述，参阅 Barabási 和 Márton(2016)，以及 West(2017)。有关体育馆内人员身高和财富差距的讨论，参阅 Taleb(2007)。

　　该置前(move-to-front)算法存在一些问题：它会把很少被查找的数据项移到最前面。的确如此，若该数据项不再被查找，它还是会渐渐移到列表的末尾，在搜索其他数据项时，这些搜索数据也会被移到最前面。不过，我们可用不太极端的策略来解决此问题。不是把找到的数据项移到最前面，而是仅前移一位。这就是换位法(transposition method)：

- ❑ 用顺序搜索查找数据项。
- ❑ 若找到该数据项，则报告"已找到"，并与之前一位交换位置(若其不是第一个数据项)，停止算法。
- ❑ 否则，报告"没找到"，并停止算法。

　　在此策略下，经常查找的数据项将逐渐往前移，不经常查找的数据项将被动往后移，而不会出现"突然剧变"现象(见下图)。

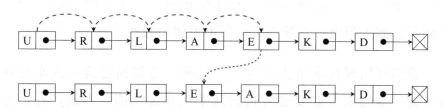

　　置前法和换位法是自组织搜索(self-organizing search)方法的例子。之所以取此名，是因为在搜索时，检索数据列表会根据已有搜索进行自我重组，并能反映被搜索数据项的搜索频率。由于该搜索策略依赖数据项被搜索的次数，可明显减少搜索时间。顺序搜索算法的期望性能为 $O(n)$，自组织搜索中置前法的搜索性能为 $O(n/\lg n)$。若搜索数据项为 100 万，那两者的性能差距就是 100 万和约 5 万之间的差距。换位法的搜索性能会更好，但它需更长时间才能达到目标。这两种方法都有"预热期"，在这段时期，经常查找的数据项会脱颖而出，并使各自的位置向前移动。置前法的预热期较短，换位法的预热期较长，但效果更好[⊖]。

⊖　John McCabe(1965)提出了自组织搜索。有关置前法和换位法的性能分析，参阅 Rivest(1976)，以及 Bachrach、El-Yaniv 和 Reinstädtler(2002)。

开普勒、汽车和秘书

著名天文学家约翰内斯·开普勒(1571—1630)在妻子于 1611年死于霍乱后,打算再婚。作为一位有条理之人,他做事从不靠运气。在写给 Strahlendorf 男爵的一封长信中,他描述了他所遵循的过程。他打算在做决定前先约见 11 位候选新娘。第 5 位候选人令他着迷,但他因朋友们的反对而举棋不定,反对她的理由是其地位低下。他们劝他重新考虑第 4 位候选人,但第 4 位候选人拒绝了他。在约谈所有 11 位候选人后,开普勒还是和第 5 位候选人——24 岁的 Susanna Reuttinger 结婚了。

这个小故事是搜索问题的扩展。开普勒在一群候选人中寻找一位理想的伴侣,然而在该约谈过程开始时,他可能没意识到一个问题:如果拒绝一位候选人,就不可能再找她。

我们可用现代术语重新定义该问题,比如制定购买汽车的最佳方案。事先确定好要去咨询的几个汽车经销商,不过,若拒绝了某辆车,我们就不能返回或改变主意了。或许在我们离开后别人进去买走了此车,但该怎样就怎样,我们必须在每个经销商那里做最终决定——是买车还是离开,且不再返回。

这就是最佳停止问题(optimal stopping problem)的一个案例。我们必须采取行动而使回报最大化或成本最小化。在上例中,我们决定购买一辆车,目标是买到最理想的那辆车。若过早决定,所选汽车可能不如未见到的汽车。若过晚决定,可能会因错过最好的车而懊恼。那么什么时候才是做决定的最佳时机?

同样的问题可用一种更冷酷的方式描述为秘书问题(secretary problem)。你想从一群候选人中招聘一名秘书。你可以逐个面试他们,但在每次面试结束时必须决定是否聘用他。若拒绝某位候选人，你不可再改变主意（该候选人可能因太优秀而被其他人聘走了）。你如何挑选候选人？

该问题有一个出奇简单的答案：仔细考查前 37% 的候选人，并拒绝他们，但把其中最好的一位设为基准条件。数字 37 好像有魔力似的，因为 37%≈1/e，其中，e 是欧拉数，大约等于 2.7182（参见第 1 章中的欧拉数）。然后，再仔细考查剩下的候选人。在剩下的候选人中，遇到第 1 位好过基准条件的候选人时，你必须停止考查，这位就是你的选择。假设有 n 位候选人，该算法描述如下：

1. 计算 n/e，求出 n 位候选人的 37% 是多少。

2. 考查并拒绝前 n/e 位候选人，把其中最好的一位设为考查的基准条件。

3. 继续考查剩下的候选人。选择第 1 位比基准条件优秀的候选人，并停止后续考查工作。

该算法并不总能找出最佳候选人，毕竟最佳候选人可能就是前 37% 中被作为基准条件的那位，但你拒绝了他。可以证明，在所有情况下，有 37%（1/e）的可能性找到最佳候选人，此外没有其他方法可在更多情况下找到最佳候选人。换句话说，该算法是你能用的最好方法，虽然在 63% 的情况下无法给出最佳选择，但选用其他策略会在更多情况下无法给出最佳选择。

回头再谈购买汽车问题，假设确定咨询 10 家汽车经销商。我们应去咨询前 4 家，记下这 4 家中的最低售价但不买，然后继续咨询剩下的 6 家经销商。当遇到其售价低于所记下的售价时，就在该经销商处购买汽车（不再咨询其他经销商）。我们可能会发觉，后面 6 家经销商的售价都比前 4 家高。但没有其他策略能更大概率地使我们得到最优惠的价格。

假设我们只想找最好的，不勉强接受其他候选。但实际生活中，若能勉强接受其他候选，那会如何？这意味着，虽然我们想找到最好的秘书或车，但也能接受另一种选择，尽管没有选择最好的候选那么满意。若我们这样设定问题，则做出选择的最佳方法几乎与上述算法一致，所不同的就是考查并舍弃前 $\sqrt{n}$ 个候选。若如此，做出最佳选择的概率会随候选数的增加而增加。随着 n 的增加，选到最佳候选的概率趋近于 1（即 100%）⊖。

二分搜索

对不同场景，我们已讨论了不同的搜索方法。这些场景的共性是，搜索数据没按任何特定次序进行存储。最好情况下，在自组织搜索中，我们按被查找频率来逐渐排序数据。若搜索开始时这些数据项就是有序的，那情况就完全不同了。

假设有一堆文件，每个文件都有一个数字标签。这些文件按数字标签由低到高（不需要连续编号）的顺序排放。如果要在这么一堆文件中寻找一份特定标签的文件，那么从第一份文件开始逐一向后寻找，直至找到要找的文件，这无疑是一种愚蠢的做法。好的搜索策略是直接定位文件堆的中间点，然后用中间点文件标签与所找的文件标签进行比较，存在下列三种比较结果：

1. 若幸运的话，手上的文件正是想找的文件，搜索结束。
2. 要找的文件标签大于手上的文件标签。我们确信可舍弃手上的文件和所有之前的文件，因为文件标签是有序的，它们的标签都小于目标标签。
3. 相反的情况是要找的文件标签小于手上的文件标签。同样，

⊖ 秘书问题出现在 1960 年 2 月 *Scientific American* 的 Martin Gardner 专栏中。在 1960 年 3 月的期刊中提出了解决方案。其历史可参阅 Ferguson(1989)。J. Neil Bearden(2006)对非"孤注一掷式"(all-or-nothing)的变异给出解法。Matt Parker(2014，第 11 章)以及其他数学及计算机文献也提到了该问题。

我们可放心地舍弃手上的文件和所有之后的文件，因为它们的标签都大于目标标签。

　　对后两种结果中的任意一个，其文件数至多为原来文件数的一半。假设开始时文件数为 n。

　　□ 若 $n=2k+1$，用中间文件将 n 份文件分成两个部分，每部分都有 k 份文件（如左下图所示）。

　　□ 若 $n=2k$，把文件分成两部分：一部分有 $k-1$ 份文件，另一部分有 k 份文件（如右下图所示）。

　　虽然我们仍未找到所需文件，但比之前好多了，因为我们要搜索的文件数少多了。继续这么搜索，检查剩余文件的中间文件，并重复此过程。

　　下图给出了在 16 个数据中搜索数据 135 的演变过程，其中用括号"⌒"标出搜索范围，用灰色标识搜索的中间数据。

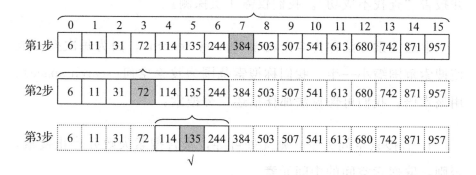

　　在搜索开始时，搜索范围是全部数据项。我们取中间数据项，其值为 384，它大于 135，舍弃它和其右边的所有数据项。取剩余数据的中间数据项，其值为 72，它小于 135，舍弃它和其左边的所有数据项。搜索范围缩小为只有 3 个数据项，取中间数据项，并发现它正是所找数据。我们仅用三次探测就完成了搜索任务，无须检测 16 个数据中的其他 13 个。

若所找数据不存在，该过程仍有效。在下图中，你会看到在同一组数据中寻找数据 520 的过程。

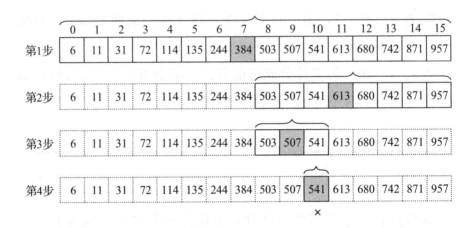

这次 520 大于 384。所以将搜索范围限制在右半边。其中间数据为 613，613 大于 520。然后，将搜索限制在 3 个数据项，其中间数据为 507。507 小于 520。舍弃它和左边数据，现在只剩一个数据项。我们发现该数据不是所找数据。所以，本次搜索完成，并报告"查找不成功"。我们仅需 4 次探测。

上述搜索方法称为二分搜索（binary search），因为每次探测能使搜索范围缩小一半。我们称搜索范围为搜索空间（search space）。用该术语，我们可像算法那样描述二分搜索：

1. 若搜索空间为空，则无处可寻，报告搜索失败并停止搜索。否则，取搜索空间的中间元素。

2. 若中间元素小于搜索目标，则限制搜索空间起于中间元素的下一个元素，并回到步骤 1。

3. 若中间元素大于搜索目标，则限制搜索空间止于中间元素的前一个元素，并回到步骤 1。

4. 否则，中间元素等于搜索目标，报告搜索成功并停止搜索。

在此法中，我们将搜索范围减半。这是一种"分而治之"方法。该方法反复使用除法，如在第 1 章介绍对数时所见，反复被 2 除得到以 2 为底的对数。在最坏情况下，二分搜索不断划分搜索范围，直至不能再划分为止，就像在不成功的搜索示例中那样。对于 n 个数据项，无须超过 $\lg n$ 次探测。由此可知，二分搜索的复杂度为 $O(\lg n)$。

与顺序搜索甚至自组织搜索相比，这种搜索性能的改进是巨大的。在 100 万个数据项中搜索无须超过 20 次探测。从另一个角度来看，用 100 次探测，可在 $2^{100} \approx 1.27 \times 10^{30}$ 个数据中找到任何数据，数据个数 2^{100} 比 10^{30} 还大。

二分搜索效率惊人，但其效率与其恶名相当。它是一种直观算法，但这种简单方法被多次证明很难在计算机程序中正确使用。这不是二分搜索算法本身的问题，而是用编程语言将算法转为计算机代码的方法问题，程序员时常成为代码错误的受害者。不要说是新手，就是世界级的程序员也不一定能正确完成[⊖]。

为了解漏洞的潜伏之地，思考一下算法第一步如何找出搜索范围的中间元素。一个简单思路是这样的，第 m 个至第 n 个数据项的中间数据项的位置是 $(m+n)/2$。若结果不是自然数，则四舍五入。可由基础数学知识推出，这是正确的。它适用于任何场景。

但在计算机中是例外，计算机拥有有限资源和内存。因此，用计算机来表示所需的所有数据是不可能的。有些数值太大了。若计算机对处理的数值有上界的话，则 m 和 n 都应低于该上界。

⊖ 二分搜索可追溯到早期计算机，参阅 Knuth(1998)。John Mauchly，计算机 ENIAC 的设计者之一，在 1946 年描述过二分搜索。有关二分搜索的曲折历史，参阅 Bentley(2000)、Pattis(1988)、Bloch(2006)。

显然，$(m+n)/2$ 低于该上界。但为计算 $(m+n)/2$，需先计算 $m+n$，然后再除以 2，而 $m+n$ 就可能大于该上界。这称为溢出（overflow），即超出所允许的数值范围。因此，你有一个从未意识到的漏洞，而该漏洞会造成危害。其计算结果不是中间值，而可能是任何其他数值。

知道这个漏洞以后，解决之道也很简单。不要用 $(m+n)/2$，而用 $m+\dfrac{n-m}{2}$ 来计算中间数值。计算结果是一致的，但不会出现溢出问题。现在回想起来似乎简单，然而难免有事后诸葛亮的感觉。

虽然本书对算法而非编程感兴趣，但我想为那些编写或想编写计算机程序的人分享一点忠告：

- 不要绝望：若你紧盯一行代码，并发现它没实现你想让它实现的功能。
- 不要沮丧：若第二天那个错误还一直在你眼前出现。
- 你不孤独：你不是唯一出错的人，所有人都一样，即便是最好的程序员。

> 不要绝望：若你紧盯一行代码，
> 并发现它没实现你想让它实现的功能。
> 你不是唯一出错的人，
> 所有人都一样，
> 即便是最好的程序员。

二分搜索要求被搜索数据项是有序的。因此，为充分发挥算法的性能，我们需要对数据项进行有效排序。在下一章我们将看到如何用算法对数据进行排序。

排　序

美国宪法规定，每 10 年进行一次人口普查，以便在联邦各州之间分配税收和议员。美国独立后，在 1790 年举行了第一次人口普查，此后每 10 年进行一次。

从 1790 年之后的大约 100 年里，美国人口迅速增长，从第一次人口普查时的不到 400 万增长到 1880 年普查时的 5000 多万。这就产生了一个问题：普查这些人口花了 8 年时间。当在 1890 年要进行下一次人口普查时，人口会更多。若用同样的方式普查人口，则很可能在 1900 年进行人口普查前还没法完成。

当时，一位从哥伦比亚大学矿业学院毕业的年轻人 Herman Hollerith（1879 年毕业时仅 19 岁），在美国人口普查局工作。他意识到普查时间的紧迫性，于是试图用机器来加快人口普查过程。火车售票员在火车票上用打孔的方式来记录旅客信息，Hollerith 受该方法启发，发明穿孔卡片（punched card）来记录人口普查细节。然后这些卡片可用读卡机（tabulating machine）来处理。读卡机是一种电子设备，它可读取穿孔卡片，并用其中的存储数据进行统计。

Hollerith 的读卡机用于 1890 年的人口普查，把完成普查的时间缩短为 6 年，其普查结果是美国人口大约增长到 6300 万。Hollerith 向皇家统计学会展示了其读卡机，并指出：不要认为这些机器仍处于实验阶段，这些机器已多次计数过超过一亿张卡片，这为测试其性能提供了充足的机会[一]。人口普查后，Hollerith 开始

[一]　参见 Hollerith(1894)。

做生意，其公司名为 Hollerith 电子读卡系统。经过一系列更名和合并，该公司于 1924 年发展为国际商业机器公司（International Business Machines，IBM）。

现今，排序行为无处不在。几十年前，办公室里排满文件柜，每个文件柜里有各种贴满标签的文件夹，公司办公人员小心翼翼地按规定顺序对它们进行排列，如字母序或时间序。相比之下，现在我们只需点击鼠标就能对邮箱中的邮件进行排序，并可按不同排序要求（如主题、日期和发信人等）对它们进行排序。联系人信息在不经意间就被有序存储在数字设备中，而几年前，我们还煞费苦心地在日记本中整理联系人名单。

回到美国人口普查。排序是办公自动化的第一个例子，也是数字计算机最早的应用之一。目前已设计出许多不同的排序算法。虽然有些算法在实践中没使用过，但仍有许多排序算法广受程序员喜爱，因为这些算法有各自的优缺点。排序是计算机的基本功能，以至于任何算法书籍都会专门介绍它。然而，正因为有许多不同的排序算法，对它们的探讨才能使我们对计算机科学家和程序员的工作有所了解。像工匠那样，他们在处理问题时有一整套工具。对同样的任务，也可能使用不同的工具。想想不同类型的螺丝刀，有一字螺丝刀、十字螺丝刀、六角螺丝刀和四角螺丝刀等。虽然所有这些工具都有相同的功能，但特殊螺丝需用特殊工具。有时我们会用一字螺丝刀处理十字螺丝。但一般情况下我们必须用合适的工具来完成相应工作。排序算法也如此。虽然所有排序算法都能使排序对象变得有序，但每个算法都有更适合的应用场景。

> 虽然所有这些工具都有相同的功能，
> 但特殊螺丝需用特殊工具……
> 排序算法也如此。

虽然所有排序算法都能使排序对象变得有序，
但每个算法都有更适合的应用场景。

在探讨这些算法前，先来看看这些算法的功能说明。它们的确会对数据进行排序，但回避了一个问题：排序数据的确切含义是什么？

假设有一组相关数据，通常称为记录（record），记录包含一些我们感兴趣的信息。例如，这些数据可能是收件箱中的电子邮件。我们想重新整理这些数据，使它们按对我们有用的特定次序呈现出来。重新排列会用到数据中某些指定的特征。在电子邮件实例中，我们可能想按发送日期、收件日期或发件人名称（字母顺序）排列邮件。顺序可以是升序（从早期邮件到近期邮件）或降序（从近期邮件到早期邮件）。排序过程的输出数据必须与输入数据相同。用技术术语来说，排序结果必须是原始数据的一个排列（permutation），即不同顺序的原始数据。在任何排序顺序下，原始数据都不变。

用来排序的特征通常称为关键字（key）。关键字可以是原子型（atomic），即不能把它分裂成几部分；也可以是复合型（composite），即由多个特征组合而成。若想按发送日期排列电子邮件，这就是原子型关键字（不关心日期可分为年、月、日，还可能包含确切的发送时间）。我们还可能想按发件人名称进行排序，且对同一发件人的所有邮件按发送日期排序。发件人和发送日期的组合就构成了排序的复合型关键字。

任意特征都可用作排序的关键字，只要其值是可排序的。显然对于数字而言，该条件是满足的。若想按每件商品的销售量对销售数据进行排序，则销售量是整数。若排序关键字是文本类（如发件人的名字）则通常是按字典序排序。排序算法需知道如何比较数据，以便推断它们的次序，任何有效的比较方法都可以。

我们用两个大家熟悉的排序算法开始讨论排序方法，因为这两个排序算法非常直观，甚至那些对算法一无所知的人也会用它们对一堆东西进行排序。

简单的排序方法

我们的任务是给下面的数据排序。

诚然，当你看到此任务时可能会觉得微不足道，它们不过是从 1 到 10 的数据。但简单的任务可使我们专注于排序任务中的逻辑关系。

首先，遍历所有数据，找出其中最小的数据。我们把该最小数据从原处放到第一个位置。所有数据中的最小数据是 1，所以它必须放到第一个位置。由于在第一个位置已有数据 4，必须处理数据 4，不能把数据 4 扔掉。所做之事就是将数据 4 和最小数据 1 进行交换，即将最小的数据值 1 移动到第一个位置，并把原先在第一个位置中的数据 4 移到移出最小数据 1 所空出的位置。因此，我们将最小数据从"黑色"标记的位置，移到"白色"标记的位置。"白色"表示数据在正确的有序位置。

接下来，除已确定的最小数据外，对剩余的所有数据，即从第二个位置开始的所有数据（灰色数据），做完全相同的操作。找

出其中的最小的数据 2，再把它与未排序的第一个数据 6 进行
交换。

再做同样的操作，从前面第三个数据开始找到最小的数据 3，
并将它与当前第三位数据 10 进行交换。

若继续使用此法，第四项数据保持不变，因为它已在正确位
置。继续把数据 5 放到有序位置。

在每一步，我们可通过遍历越来越少的数据项来找最小数据。
最后，我们将从最后两项中找最小数据。一旦完成此任务，所有
数据就都排好序了。

上述排序方法称为选择排序（selection sort），因为每次我们都
在未排序数据项中选择最小数据，并把它放到应在之位。像所讨
论的所有排序算法一样，选择排序对相同数据进行排序也没任何
问题。若未排序的数据项中存在多个最小数据，则任选其中之一
作为当前最小数据。下次再找那个相同的最小数据，并把它放在
相同数据的下一位。

选择排序是一个简单算法，但它是一个好的排序算法吗？若

仔细观察，算法每次从头至尾对待排数据项遍历一次，并从中找出最小数据。若有 n 个数据项，则选择排序的复杂度为 $O(n^2)$。该复杂度本身并不差，也不是高得无法接受。因此我们可在合理的时间内用该算法排序大量数据。

正因为排序非常重要，所以确实存在比选择排序更快的排序算法。因此尽管选择排序本身并不差，但当有大量数据需要排序时，我们更喜欢用其他更好的排序算法。

选择排序不仅简单易懂，而且还容易在计算机上快速实现。所以，它不仅有学术价值，在现实中也有实际运用。

另一个即将介绍的简单排序算法，也同样如此。像选择排序那样，它也是一个容易理解的排序方法。事实上，它就是我们在纸牌游戏中给手中的牌排序的方法。

设想你在玩纸牌游戏，手上拿着 10 张牌（例如你正在玩拉米纸牌游戏）。当你一张接一张地抓牌时，你想要在手中对它们进行排序。假设纸牌从小到大的顺序如下：

2   3   4   5   6   7   8   9   10   J   Q   K   A

实际上，在许多纸牌游戏（包括拉米）中，纸牌 A 可以是等级最低或最高的牌。但我们假定仅有一种次序。

每次发一张牌，所以从手上有一张牌开始，接下来还有 9 张牌：

现在你得到第二张牌，它是 6。

牌 6 正好在牌 4 的下一位置，所以把它放在此处。拿下一张牌，结果是 2。

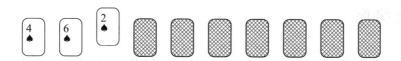

这时，为使手中的牌有序，需要把牌 2 左移到牌 4 的左边，把牌 4 和牌 6 向右移一位。在拿到另一张牌 3 之前，完成这些操作。

你把牌 3 插在牌 2 和牌 4 之间，再看下一张牌 9。它已在手中正确位置。

你可继续抓牌，比如 7、Q、J、8 和 5 等。最后，这些牌在你手中是依序排列的。

　　每张新牌都要插在正确位置，该正确位置与之前已处理的牌相关。因此，该排序方式称为插入排序（insertion sort），它适用于各种场景，不仅是玩纸牌。

　　像选择排序一样，插入排序也很容易实现。它也有相同的复杂度 $O(n^2)$。不过，它有一个明显的特点，像玩纸牌那样，在排序前，无须事先知道实际数据，而是在你得到数据时，才进行排序。这意味着，当待排序的数据以某种数据流的方式出现时，你可用插入排序。在第2章讨论锦标赛问题时，我们遇到过此类算法，它像之前那样实时运作，我们称之为在线算法（online algorithm）。如果对未知数据量的数据进行排序，或要求可随时停止且提供一个有序列表，那么插入排序是一个可选的方法[⊖]。

基数排序

让我们回到 Hollerith。他的读卡机没使用选择排序和插入排序，这些机器实际使用的方法是现今方法的前身，该方法称为基数排序（radix sort）。为向第一个机器排序方法致敬，花点时间了解基数排序的工作原理是值得的。该方法很有趣，因为该排序方法并不真对排序数据进行比较。更重要的是，基数排序不仅有其历史价值，而且能极好地执行排序工作。有什么理由不喜欢这个古老又实用的算法呢[⊖]？

理解基数排序最简单的方法还是用纸牌。假设有一整副已洗好的纸牌，并想对它进行排序。一种方法是做13堆，每堆对应一个等级值。我们遍历这些牌，并将每张牌放入对应的卡片堆中。我们将得到13堆，每堆有4张牌，一堆有4个A，另一堆有4个2，以此类推。

然后，一堆一堆地收集纸牌，并仔细地把下一堆纸牌放在已收集纸牌的下面。用这种方法，我们手中的所有牌就部分有序了。第一组4张牌是A，接下来是4张2，如此这般，直到最后的4张K。

⊖ 选择排序和插入排序在计算机出现之初就与我们同在。它们被收录在关于排序的综述之中，该综述发表于20世纪50年代，参见 Friend（1956）。

⊖ 根据 Knuth（1999，170），基数排序思想好像至少在20世纪20年代就存在了。

现在按纸牌花色建四个堆。我们遍历这些牌，将每张牌按其花色放到相应的堆中。这样将得到四堆花色的纸牌。因为纸牌的大小已排好序，所以每个花色堆中按序排好了该花色的所有牌。

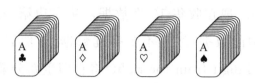

若要完成纸牌排序，仅需一堆一堆地收集这四堆纸牌。

这就是基数排序的本质。这些牌不用完全比较来排序，仅用部分比较——先按等级，再按花色——来排序。

当然，若基数排序只适用于纸牌，则它不值得我们如此关注。下面来看看基数排序是如何对整数进行排序的。假设有以下一组整数。

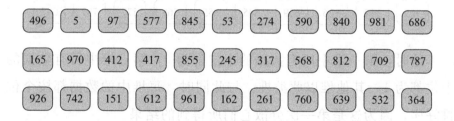

我们需确保所有整数都有相同位数。因此，根据需要在数值左边补上若干个 0，比如 5 变为 005，97 变为 097，53 变为 053，等等。遍历所有数字，并根据个位数字进行分类，将它们分成 10 堆。

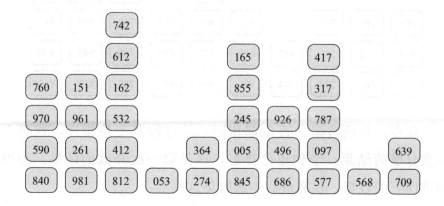

我们使数据的底纹变为白色来表示它们已部分有序。每堆数的个位即最右位（the rightmost digit）相同。第一堆中所有数据的个位为 0，第二堆中所有数据的个位为 1，直到最后一堆，其中所有数据的个位为 9。现在收集 10 堆数据，从左边第一堆开始，在底部添加下一堆中的数据（注意不要打乱数据）。然后用十位即右第二位（the second digit from the right）将它们重新分散成 10 堆。

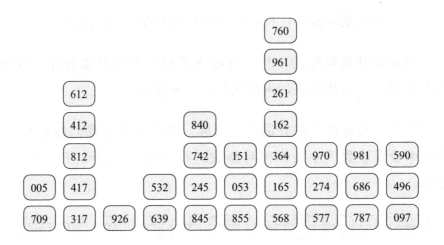

这时，第一堆中所有数据的十位都为 0，第二堆中所有数据的十位都为 1，其他堆以此类推。与此同时，每堆中的数据都按个位排好序，因为这是第一次分散它们所得到的结果。

接着，收集所有堆中的数据，并用百位进行再分散。

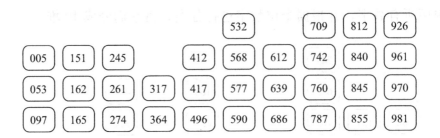

现在，每堆数据的百位都相同，并已按其十位排序，这是上一次分散的结果。个位也已排好，这是第一次分散的结果。为得到排序好的数据，仅需最后一次收集这些堆。

基数排序不仅可对整数进行排序，而且对单词、字母或数字序列也有效。在计算机科学中，称字母、数字或字符序列为字符串(string)。基数排序对字符串也有效。字符串可由数字组成，像前面的例子那样，也可以是任何类型的字符串。字符串的堆数等于字符表中的字符数(如英文需 26 堆)，其排序操作完全相同。基数排序的独特之处在于，即使字符串完全由数字组成，也可将它们视为字母数字串，而非数字。在检验算法如何排序时，并不关心数字串的数值，而是每次用数字串中特定位的数字进行处理，就像在单词中从右向左提取字符那样。这也是基数排序有时被称为字符串排序方法(string sorting method)的原因。

不要被误导，认为只有基数排序可对字符串进行排序，而本书所提到的其他排序方法不可以。所有排序算法都可以。算法对字符串进行排序时，只要求字符串中的符号本身是可排序的。对计算机来说，"名字"是字符串。因为字母可按字母序排列，"名字"可按字典序进行比较，因此我们可以对它们进行排序。之所以称为"字符串排序"，是因为基数排序视其所有关键字为字符串。而本章中的其他排序方法将数字视为数字，将字符串视为字符串，并通过比较数值或字符串来排序。为方便起见，在不同排序算法的例子中，我们将数字作为排序关键字。

基数排序的工作方式是通过逐位数字(或逐个字符)来排列数据。若有 n 个待排数据，且每个数据有 w 位数字或字符，则该算法的复杂度为 $O(wn)$。它比选择排序和插入排序所需的复杂度 $O(n^2)$ 好得多。

现在回到读卡机问题上。读卡机用类似的方式对穿孔卡片进行排序。假设有一堆卡片，每张卡片有 10 列，每列的孔代表一个数字。读卡机能识别每列中的孔，并得到相应的数字。操作员将卡片放入读卡机，机器根据卡片最后一列(即最低位数字)将卡片

放入 10 个输出箱中。操作员从输出箱中收集卡片，并小心翼翼地
不使它们混乱，再把它们放入机器中，这次把卡片按倒数第二位
数字分散到输出箱中。重复 10 次上述过程后，操作员就收集到一
堆有序的卡片。

快速排序

假设在院子(或学校)里有一群孩子，想让他们由矮到高排队。
先让他们按自己想要的顺序排成一行(如下图所示)。

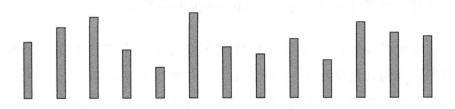

现在随机挑选一个孩子，被选中的小孩标记为"黑色"：

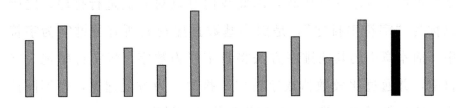

告诉孩子们移动位置，所有比被选中小孩矮的都移到他的左
边，其余的移到其右边。在下图中，标记了被选孩子的位置，可
发现比他高的孩子都在右边，比他矮的都在左边。

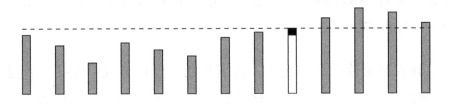

我们不要求孩子们按正确次序排好，只要求他们相对所选孩
子排好次序。因此，孩子们形成两组，分别是被选小孩的左边和

右边。每组中的孩子也非由矮到高排列。但我们知道有一个孩子肯定在最后有序队列中的正确位置，他就是我们所挑选的那个孩子。左边的所有孩子都比他矮，右边的所有孩子都比他高或至少和他一样高。我们称这位被选中的孩子为支点（pivot），因为其他孩子围绕他移动位置。

为直观起见，按习惯将在正确位置的孩子涂为"白色"。当选一个孩子为支点时，将他涂成"黑色"。当其他孩子绕着支点移动后，用"小黑帽"表示支点的最终位置（"白色"表示它在正确位置，"小黑帽"表示它是支点）。

下面我们关注这两组中的一组，假设是左边。再在左边这组中随机挑选一个小孩作为支点。

我们要求这组孩子像之前那样移动位置，比支点矮的移到支点左边，否则移到支点右边。这样我们将得到两个新的小组，如下图所示。左边组中仅有一个小孩，所以他已在正确位置。第二个支点在正确位置，其余的小孩都在其右侧。然后，从右边组中选出第三个支点。

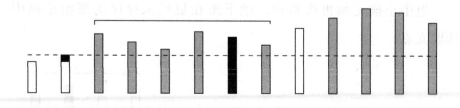

再要求这组孩子像之前一样移动时，根据相对第三支点的高矮关系，形成两个更小的组。我们再关注左边这组。像以前那样，

选一个支点（第四个支点），让该组中的三个孩子围绕支点移动位置。

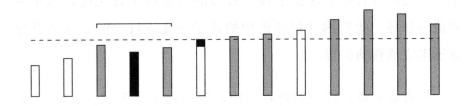

在孩子们移动后，支点是此组的第一位，所以有两个孩子的那组在支点的右边。在两个孩子中选一个作为支点，另一个孩子根据需要选择是否移动到新支点的右边。

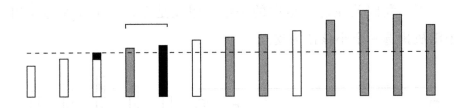

结果是无须移动。至此，我们把大约一半的孩子排好序。对前面的支点，还剩两组未处理。从剩下的两组中选第一个组，从中选一个小孩作为支点，并重复上述过程。

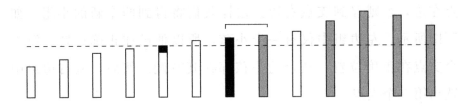

组中小孩无须再次移动，接下来在最后未排序的那组小孩中选取支点。

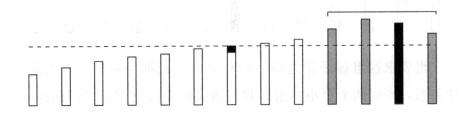

这时，在支点右边组中仅有一个小孩，左边组有两个小孩。我们关注左边组，并选其中一个作为最后的支点。

至此，排序完成。所有孩子按身高"由矮到高"顺序排列。

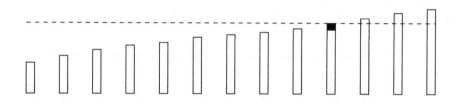

让我们回顾一下整个过程。我们通过每次使一个孩子处在正确位置，最终实现所有孩子的依序排队。为做到这点，要求其他孩子围绕他移动。当然，此法不仅适用于小孩排序，也适用于任何需排序的东西。若有一组需排序的数据，也可运用类似过程，随机选一个数据，移动其他数据，使所有小于所选数据的数据排在它的前面，剩下的数据排在它之后。在所得到的两个小组中重复该过程。最后，所有数据按正确次序排列。这就是快速排序算法（quicksort）的工作过程。

快速排序基于这样的观察：使一个元素相对所有其他元素处于正确位置（无论该位置在哪），然后对其余元素再重复该过程。当所有元素都处于正确位置时，结束排序过程。回顾选择排序所做之事，它也是选取一个元素，并把它放在相对其他所有元素正确的位置。但所选元素总是剩余元素中最小的那个。这个关键差异是，在快速排序中，我们不应该总选剩余元素中的最小值作为支点。若如此，我们来看看会如何。

若再以前面所说的同组小孩为例，选所有小孩中最矮的小孩作为支点。该小孩将处于有序列的起点（第一位），其余的都会移到支点的后面。

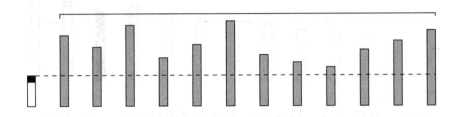

然后找一个仅比第一个小孩高的孩子，把他放在第二位。其他孩子再次移到第二位之后。

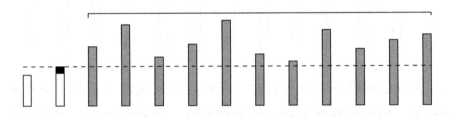

对第三位小孩，重复同样的过程，得到下面的结果。

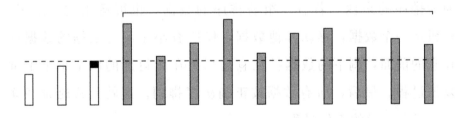

注意：这看起来像选择排序，因为我们用剩下孩子中最矮的小孩从左到右填入队列中。

我们没说每次如何选取一个元素作为支点。但现在我们明白不应选取最小元素。第一，选最小元素需要开销，需每次遍历并找出最小元素。第二，其行为类似已知算法，实现此操作没什么意义。

事实上，快速排序比选择排序好，因为通常（稍后会看到"通常"之意)所选支点会按较均衡的方式划分待排数据。选最小元素会产生最不均衡的划分，即支点左边为空，其余数据都在支点右边。每次划分，仅能确定支点的位置。

假如划分较好，则不仅定位了支点，还相应定位了支点左边和支点右边的元素。虽然支点左右的数据都还不一定在最终位置上，但总的来说，所有元素的位置比之前要好。所以，有一个在最佳位置上的元素(即支点)，且其他元素位置也都比之前更好。

合适的"支点"对快速排序的性能有重要影响，其期望复杂度为 $O(n\lg n)$，它比 $O(n^2)$ 好得多。若对 100 万个数据进行排序，$O(n^2)$ 可达 10^{12}，即 1 万亿，而 $O(n\lg n)$ 大约为 2000 万。

这取决于选取适当的支点。每次寻找一个按最佳方式划分数据的支点，这样做的意义不大。寻找一个正确支点会增加排序过程的复杂度。一个好的选支点策略就是听天由命，随机选一个支点，并用它划分数据。

要明白为什么这是好策略，先来看看为什么它不是一个坏策略。若它会导致刚刚看到的后果，也就是将快速排序退化成选择排序，那就是糟糕的选支点策略。若每次选取的支点不能真正划分数据，就会发生退化情形。若每次选取最小或最大元素(完全相同的情形)，则会发生退化情形。而出现这种情况的概率为 $\dfrac{2^{n-1}}{n!}$。

由于 $\dfrac{1}{n!}$ 的值极小，所以这种情况很难发生。把它放到具体场景中，若取一副 52 张的纸牌并随意洗牌，则这副牌洗后是有序的概率为 $\dfrac{1}{52!}$。这差不多相当于，取一枚硬币，连续轻抛 226 次皆正面朝上。在乘 2^{n-1} 后，情况也没多大变化。数值 $\dfrac{2^{51}}{52!}$ 大约等于 2.8×10^{-53}。从宇宙角度来看，地球大约由 10^{50} 个原子组成。如果你和你朋友从地球上分别选一个原子，你们挑中同一个原子的概率是 10^{-50}，实际上还大于 $\dfrac{2^{51}}{52!}$，即在一副牌上出现病态快速排序的概率[⊖]。

如上所述，它解释了通常我们能以一种较公平的方式选取支点。除非发生一连串的厄运，否则我们不会每次都选出最坏支点。实际上，这种可能性对我们有利：通过随机选取支点，其期望的复杂度为 $O(n\lg n)$。理论上，可能比这差些，但它是学术研究结果。在所有实用场景下，快速排序的速度像我们预期的那样快。

快速排序由英国计算机科学家 Tony Hoare 在 1959～1960 年提出[⊖]。它可能是当今最流行的排序算法，因为若正确实现了算法，它的性能可以超越其他算法。它也是第一个性能不完全确定的算法。虽然它总能正确排序，但不能保证总有相同的运行性能。我们可保证它极不可能出现病态性能。这是一个重要概念，即随机算法(randomized algorithm)：在运行过程中按概率使用个体数据的算法。这与我们的直觉相抵触，我们期望算法是一个极其明确的"神兽"，在预设的道路上严格听从指令行事。随机算法近年来有了长足进展，事实证明，概率可帮我们解决那些用标准方法难以解决的问题[⊜]。

⊖ 抛硬币 226 次是从 $\dfrac{1}{52!} \approx (1/2)^{226}$ 推导而来的。从地球上选取一个原子的例子来自 David Hand(2014)，小于 $1/10^{50}$ 的概率，从宇宙角度来看是可忽略不计的。

⊖ 参阅 Hoare(1961a, 1961b, 1961c)。

⊜ 有关随机算法的更多信息，参阅 Mitzenmacher 和 Upfal(2017)。

随机算法近年来有了长足进展，

事实证明，

概率可帮我们解决那些用标准方法难以解决的问题。

合并排序

我们已见过基数排序，它本质上是用分散来排序数据的，即每一轮分散数据时，将每个数据分到正确的堆中。下面介绍另一种排序方法，它通过合并数据而不是分散数据来排序。该方法称为合并排序(merge sort)。

我们先从有限的排序开始介绍合并排序，若待排数据随机出现，则无法对它们进行排序。我们只能做以下操作：若存在两组有序数据，则可把它们按序合并在一起，从而形成一大组有序数据。

假设有以下两组数据，每行为一组(虽然本例中两组数据的个数相同，但并不要求每组数据的个数必须相同)。

如你所见，两组数据都已排序。现在要把它们合并成有序的一大组。其实这很简单，我们检查两组中的第一个数据，因为 $15<21$，所以 15 是第三组(合并后的组)中的第一个项。

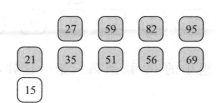

再检查两组的第一个元素,这次,第二组的 21 小于第一组的 27。所以,把 21 加到第三组的后面。

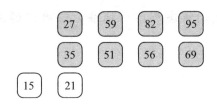

按此法继续操作,把第一组的 27 和第二组的 35 依次加到第三组后面。

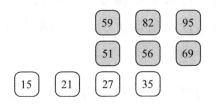

下面有 51<59 和 56<59。像把 35 从第二组移到第三组那样,把 51 和 56 从第二组移到第三组。这是正确的,因为这能使第三组中的数据保持有序性。没理由要求前两组数据按相同的速率减少。

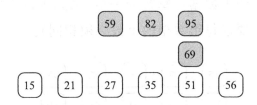

回到第 1 组,因为 59<69,所以把 59 加到第三组。

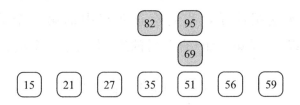

接着,把第二组中的 69 移到第三组。这样,第二组就完全空了。

这时，将第一组中剩余的数据都移到第三组。因为它们肯定大于第三组中最后的数据，否则我们之前就会把它们移到第三组。现在本例中的所有数据已完全排好。

这种办法把两组有序数据合并为一组有序数据，这很好，但它似乎不能解决对未排序的数据组进行排序的问题。它的确不能，但它是解决方案的重要组成部分。

假设有一群人，我们给其中一位一组待排数据。他不知如何排序，但知道若有两组有序数据，他能生成一组有序数据。所以，他所做之事是将数据分为两组，并将两组数据分别交给另外两人。对第一位说："将这组数据排序，完成后把结果反馈给我。"对第二位说同样的话。然后等待结果。

虽然我们提到的第一个人不知如何排序，但如果另外两人以某种方式对所得数据进行排序并返回有序结果，则他就能向我们反馈最终的有序数据组。然而另外两人并不比第一个人懂的更多，他们也不知如何排序，仅知如何用上述算法把两组有序数据合并为一大组有序数据。这样真能实现数据排序吗？

答案是肯定的，假设他们也做同样的事：将自己所得数据分成两部分，并把每部分数据分配给另外两个人，等待这两位做完自己的工作，并反馈各自的有序数据。

这好像是极度推卸责任（pass-the-buck）的做法，下面用一个示例来看看会发生什么情形。假设有一组数据：95，59，15，27，82，56，35，51，21，79。把它们给 Alice(A)，她把数据分为两组，并分别传给 Bob(B)和 Carol(C)。这就是"自顶而下"树的第一层。

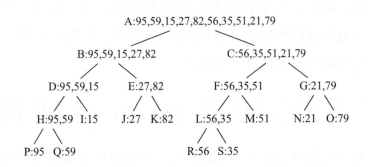

由上图可见，其推卸责任过程如下：

- ❑ Bob 将其数据一分为二，并交给 Dave(D)和 Eve(E)。
  - ■ Dave 平分数据给 Heidi(H)和 Ivan(I)。
    - ◇ Heidi 平分数据给 Peggy(P)和 Quentin(Q)。
  - ■ Eve 平分数据给 Judy(J)和 Karen(K)。
- ❑ Carol 将其数据一分为二，并交给 Frank(F)和 Grace(G)。
  - ■ Frank 平分数据给 Leo(L)和 Mallory(M)。
    - ◇ Leo 平分数据给 Robert(R)和 Sybil(S)。
  - ■ Grace 平分数据给 Nick(N)和 Olivia(O)。

位于树叶中的人没什么可做的。Peggy 和 Quentin 只收到一个数据，并被告知对其排序，但一个数据本身就是有序的，因此 Peggy 和 Quentin 把数据还给 Heidi。同样，Ivan、Judy、Karen、Robert、Sybil、Mallory、Nick 和 Olivia 也是返回他们收到的数据。

下面来看下图，从叶子(在顶部，因此本图看起来像一棵正常的树，而非上下颠倒的)到底部的根来观察这棵树。

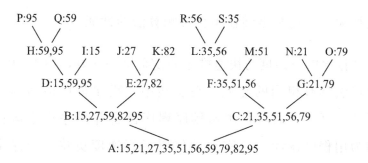

先讨论 Heidi。她得到两个数据，每个数据都被简单地排序。她知道如何将两个有序组合并成一个有序组，所以她将 95 和 59 合并为 59，95。然后，她将这两个有序数据反馈给 Dave。Leo 做同样的操作，他得到 35 和 56，它们已有序，因此他将 35，56 反馈给 Frank。

Dave 对当初收到的三个数据 95，59，15 无能为力，现在他收到 Heidi 给的 59，95，以及 Ivan 给的 15。这两组数据都是有序的，这意味着 Dave 可把它们合并为 15，59，95。同样，Frank 从 Leo 那里收到 35，56，从 Malory 那里收到 51，他能生成 35，51，56。

若每个人都以相同方式操作，当 Alice 收到数据时，她将得到两个有序列表：一个来自 Carol，一个来自 Bob。她将它们合并为一个最终的有序列表。

这两棵树反映了合并排序的本质。我们尽可能委派排序工作，直至无须排序，因为单个数据已是有序的。然后合并越来越大的有序组，直至把所有数据都合并成一个完整的有序组。

这里对每个人的能力要求很低。在第一棵树中，Eve 从 Bob 那里得到的一组有序数字 27，82。她不会停下来检查数据是否需要排序，同时我们也不希望她如此，因为这种检查会消耗时间。她仅把它们分组，并把每组委派下去。她会回收数据，并将回收数据合并成她之前已得到的数据。从全局来看，Eve、Judy 和 Karen

之间这种无意义的数据转输不会影响算法的性能。

合并排序的复杂度与快速排序的复杂度一样好，均为 $O(n\lg n)$。这两个算法具有相同的性能。在实践中，程序员可根据其他因素来选择其中之一。通常，快速排序程序比合并排序程序运行得更快，因为用程序设计语言实现的代码运行速度更快。合并排序在合并数据前将它们分开，这意味着它们可并行化，使得大量数据可用计算机集群来排序，其中每台计算机的行为像上面的人类行为那样进行排序。

合并排序的历史与计算机一样悠久，其发明者是匈牙利裔美国人 Neumann János Lajos，他的美国名字约翰·冯·诺依曼（1903—1957）更广为人知。1945 年，他针对世上最早的数字计算机之一——电子离散变量自动计算机（Electronic Discrete Variable Automatic Computer，EDVAC）写了一份长达 23 页的手稿。在首页的顶部，用铅笔写着"绝密"（后来被擦除），由于与军方有关，有关计算机的研究在 1945 年是保密的。该文的主题是计算机的非数值应用——排序。冯·诺依曼所描述的方法就是现在所说的合并排序[⊖]。

⊖ 有关冯·诺依曼的生平和数字计算机的起源，参阅 Dyson(2012)。有关冯·诺依曼的合并排序程序的介绍，参阅 Knuth(1970)。

PageRank 算法

如果你年龄不大，HotBot、Lycos、Excite、AltaVista 和 Infoseek 这些词对你也许毫无意义，即便有意义，它们可能也不指搜索引擎。然而它们在某些时期相互竞争，并试图让我们把它们当作连接网络的门户。

然而现在这些已成为历史。如今，搜索引擎领域由 Alphabet 运营的 Google 和 Microsoft（微软）运营的 Bing 所主导。在新的应用领域中，一些有竞争力的解决方案涌现出来，经随后兼并得到进一步整合，这是历史上很多行业的常见模式。在搜索引擎领域，其演变的重要因素是谷歌的巨大成功，它仅基于其创始人发明的算法。Google 的创始人是斯坦福大学的博士生 Larry Page 和 Sergey Brin，他们将该算法用其发明人名字命名为 PageRank（而不是人们所想象的由"网页（Page）"和"排名（Rank）"组合而成）。

在描述 PageRank 算法前，需了解搜索引擎到底是做什么的。它实际上做两件事：

1. 抓取网页，阅读和索引所有能到达的网页

当输入一个搜索词时，搜索引擎查看已抓取网页所存储的数据，并找出与搜索词相匹配的网页。因此，若搜索"气候变化"，则搜索引擎就会遍历所积累的信息，从中找出含搜索词的网页。

若搜索词是一个流行话题，则搜索结果可能有很多。在撰写本书时，用 Google 检索"气候变化"，返回超过 7 亿条结果。当你阅读本书时，该搜索结果的数量会有所变化，但你会对返回结果

的规模有个概念。这就引出搜索引擎所做的第二件事。

2. 搜索引擎需呈现搜索结果，使与搜索词相关度高的网页优先显示，不太相关的结果稍后显示。

若想了解气候变化情况，则你希望先看到来自联合国、美国国家航空航天局或维基百科的搜索结果。若最先呈现的结果是地平协会关于气候变化观点的网页，你肯定会惊讶。在与搜索词相关的数亿个网页中，很多网页微不足道，有些网页繁琐冗长，有些网页一派胡言。你渴望关注那些中肯且权威的网页。

> 若想了解气候变化情况……
> 若最先呈现的结果是地平协会关于气候变化观点的网页，
> 你肯定会惊讶。

当 Google 搜索引擎出现时，人们（包括作者）开始从其他旧的、现已消失的搜索引擎转向这个后来者，因为其搜索结果又好又快。Google 的搜索网页界面简洁，只含相关信息，而不是像过去流行的那样充斥各类附属信息，这样的风格对用户使用有一定帮助。Google 把次要因素放在一边，尽管这些次要因素很有启发性（Google 了解用户关注的是好的和快速的搜索结果，而非那些花哨的设计界面），它注重处理首要问题。Google 如何能比其他搜索引擎更快返回更好的搜索结果？

若网站规模小，则可为它创建一个目录，安排编辑来管理该目录，并对其网页内容分配一个重要性数值。尽管在网站规模明显使该方法变得不可行之前曾有过这样的尝试，但现在的网站规模排除了实施这种方法的可能性。

网站由网页组成，由链接彼此相连。我们称这些链接为超链接(hyperlink)。含对文本其他部分或其他文本的交叉引用的文本称为超文本(hypertext)。超文本概念早于网络。1945 年，美国工程师 Vannevar Bush 在 *Atlantic* 上首次描述了用互联文档来组织知识的系统。万维网由英国计算机科学家 Tim Berners—Lee 在 20 世纪 80 年代开发。Berners—Lee 在位于瑞士日内瓦郊外的欧洲核子研究中心工作，他想创建一个系统来帮助科学家们分享文件和信息。他们可在线提供文档，并通过在文档中添加指向其他在线文档的链接来实现这一目的。随着人们不断添加新页面，网站还将继续扩展。网页作者编写网页内容，并链接到与他们所写内容相关的已有网页。

假设你是一篇在线文章的作者，该文阐述气候变化对本国所产生的影响。当你在文章中介绍该主题时，你可能想让读者导航到你所认为的权威网页。因此，你在文章中添加浏览该权威网页的超链接。用此方法，可使读者对该主题有更深了解，同时也为自己的文章提高了严谨性，因为通过引用其他可信网页来佐证你的陈述。

世上有很多像你这样的人，他们也在撰写有关气候变化对自己国家或地区带来影响的在线文章。每位作者也想链接到该主题的可靠权威来源的网站。这些在线文章会产生超链接，这些超链接指向相关的信息来源。

NASA 之所以在气候变化检索中名列前茅，其原因是有很多写在线文章的作者决定在其文中添加指向 NASA 有关气候变化网页的超链接。虽然作者们有各自的选择，但可能很多人都选择了同一网页，如 NASA 网页。因此，这会产生这样的印象，该网页相对其他网页在气候变化主题上更具有参考性。

整个系统表现出某种民主机制。网页作者从自己的网页链接到其他网页。一个网页累积的链接越多，其他网页作者们就越觉得该网页足够重要，应在自己的网页中添加浏览该网页的超链接。因此，该网页就显得越重要。

> 整个系统表现出某种民主机制。
> 网页作者从自己的网页链接到其他网页。
> 一个网页累积的链接越多……
> 该网页就显得越重要。

上述机制与现实中的民主存在概念上的差异，并不是所有文章都是同等重要的。有些文章出现在较有声望的网站中。一篇只有少数人阅读的博客文章，要比一篇拥有数十万读者的在线文章的权重（或影响力）要小得多。这表明我们不应仅用指向网页的链接数来衡量其重要性。由谁指向该网页也很重要，而不仅仅是数量。有理由认为，来自知名网页的链接要比来自无名网站的链接有更大权重。虽然书的好坏不应用其封面来判断，但一位著名作家的支持要比一位不知名评论家的好评更重要。从一个网页到另一个网页的链接就像是前者对后者的支持，支持的权重取决于支持者的身份。与此同时，若一个网页链接到若干网页，则其支持权重应被所有被链接的网页均分。

由超链接所链接的网页形成一个庞大的超链接图，其包含数十亿网页和它们之间的更多链接。每个网页是图中的一个节点，一个网页到另一个网页的链接是该巨型图的一条有向边。PageRank 的基本观点是，按上述推理，可用网络图结构来表达每个网页的重要性。更准确地说，可用数值来体现每个网页的重要性。该数值被称为网页排名（pagerank），衡量一个网页相对其他网页的重要性。网页越重要，其排名就越高。在表示整个互联网的图上，

PageRank 算法在很大程度上遵循该观点。

基本原理

在浏览网页时，网页上的超链接指向与该网页相关的其他网页。超链接的存在表明超链接所指向的网页是重要的，否则网页作者不会链接它。考虑下面示意图，它表示一个小规模的互联网络。

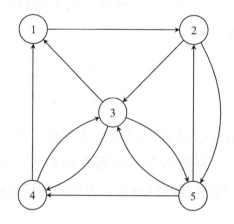

上图中，把指向某网页的链接称为反向链接（backlink）。广义来说，将指向某个网页的网页页面也称为反向链接（backlink）。按此说法，网页 3 的反向链接是指向它的边（入边）以及发出该边的节点，即网页 2、4 和 5。本章将讨论由网页组成的图，并会交替使用术语"节点"和"网页"。

在设计确定网页重要性的算法时，基于下面两个基本原则：

1. 网页的重要性取决于链接到它的网页重要性，即其反向链接的重要性。

2. 网页对其所链接的网页均分其重要性。

比如想求出网页 3 的重要性。由图可知，其反向链接为 2，4

和 5。下面依次讨论，并假设已知每个网页的重要性。

- 网页 2 的重要性均分给网页 3 和 5，其重要性的一半分给网页 3。
- 网页 4 的重要性均分给网页 3 和 1，其重要性的一半分给网页 3。
- 网页 5 的重要性均分给网页 2，3 和 5，其重要性的三分之一分给网页 3。

为准确描述，用 $r(P_i)$ 表示网页 i 的重要性，r 表示其等级。那么网页 3 的重要性为

$$r(P_3) = \frac{r(P_2)}{2} + \frac{r(P_4)}{2} + \frac{r(P_5)}{2}$$

一般来说，若想求某特定网页的重要性，则需知道其每个反向链接的重要性。这样就容易求出所要的结果，每个反向链接网页的重要性除以它所链接的网页数，再加其他反向链接的重要性。

你可以认为网页重要性的计算就像网页间的投票竞争。每个投票网页都有其重要性，它可当作选票对那些它认为是重要的网页进行投票。若它只认为某一个网页是重要的，则它仅给该网页投票。但若它认为有多个网页是重要的，则它拆分其选票，对这些网页中的每一个都给其部分选票。因此，若一个网页想投三个重要网页，则它给每个网页三分之一的选票。一个网页给哪些网页投票？答案是给超链接的末端网页，也就是它所链接的那些网页。一个网页如何获得其重要性？是从其反向链接重要性那里获得的。

这两个原则确实给网页排名带来一些民主氛围。不通过某权威网站来决定谁是最重要的。若其他网页认为另一个网页是重要的，并用链接来给它投票，那么该网页就很重要。与多数现实选

举中"一人一票"原则相比，不是所有网页的选票都是等值的。网页的选票取决于其重要性，而其重要性又由其他网页来决定。

这好像有点诡辩，因为它告诉我们，求某个网页的重要性，需求出其反向链接的重要性。同理，求其反向链接的重要性，又必须求出该反向链接的反向链接的重要性。这个过程从反向链接到反向链接，似乎产生的回归越来越多。最后导致我们不知如何计算起始网页的重要性。更糟的是，我们发现自己处于循环之中。

在上例中，计算网页 3 重要性的过程如下：

- □ 为计算网页 3 的重要性，需知网页 2，4 和 5 的重要性。
- □ 为计算网页 2 的重要性，需知网页 1 的重要性（网页 5 暂放一边）。
- □ 为计算网页 1 的重要性，需知网页 4 的重要性。
- □ 为计算网页 4 的重要性，又需知网页 3 的重要性。这样，计算过程就回到起点。

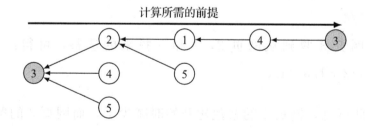

一个示例

为理解如何克服计算过程中的循环问题，假设在计算网页重要性前，赋予所有网页相等的重要性。按选票"票票等值"的设定，给每个网页一张选票。投票开始时，每个网页都按上述方式进行投票，将选票分摊到所链接的所有网页。然后，每个网页得到来自其反向链接的选票。选票的转移如下图：

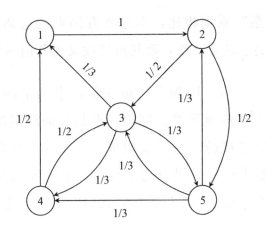

网页 1 将其选票投给网页 2，这是它唯一链接的网页。网页 2 将其选票一分为二，将 1/2 投给网页 3，1/2 投给网页 5。网页 3 将选票均分为三部分，网页 1、4 和 5 各得 1/3。网页 4 和网页 5 同样如此进行投票。

一旦投票结束，每个网页将计算从反向链接投来的选票数或选票份额。由上图可知：

- 网页 1 收到从网页 3 和 4 投来的选票，可得：$1/2 + 1/3 = 5/6$。
- 网页 3 收到从网页 2，4 和 5 投来的选票，可得：$1/2 + 1/2 + 1/3 = 4/3$。

由此可见，网页 1 的票数比开始时减少了，而网页 3 的票数增加了。

现在改变一下网页的设置。在投票前，不是给每个网页 1 张选票，而是 1/5 张选票，使得所有选票加起来就是 1。一般情况，假设有 n 个网页，给每个网页 $1/n$ 张选票。剩下的投票过程完全相同。所有网页的重要性之和为 1，且把重要性之值再次均分给所有网页。

投票结束后，每个网页的重要性都会改变。完成计算后，网页重要性之值依次为 0.17、0.27、0.27、0.13 和 0.17，而非开始时都为 1/5＝0.2。网页 2 和 3 的重要性提高了，网页 1、4 和 5 的重要性降低了。所有网页重要性之和仍为 1。

用完全相同的规则开始另一轮投票。这些网页分散它们现有的选票到它们所链接的网页。在这轮投票结束时，每个网页再计算其票数来确定其重要性。计算后，新的重要性数值依次为 0.16、0.22、0.26、0.14 和 0.22。

我们再重复一次同样的投票过程。事实上，我们将反复投票。若如此，选票（即每个网页的重要性）如下表所列进行演变，该表展示每个网页重要性的初值和每轮投票后的结果。

投票轮次	P_1	P_2	P_3	P_4	P_5
初值	0.20	0.20	0.20	0.20	0.20
1	0.17	0.27	0.27	0.13	0.17
2	0.16	0.22	0.26	0.14	0.22
3	0.16	0.23	0.26	0.16	0.20
4	0.17	0.22	0.26	0.15	0.20
5	0.16	0.23	0.25	0.15	0.20
6	0.16	0.23	0.26	0.15	0.20

若再进行另一轮（第 7 轮）投票，将发现相对第 6 轮的投票结果保持不变。因此，选票（网页的重要性）仍保持不变，这就是所得的最终结果。网页排名（重要性由高到低）如下：

$$P_3 \quad P_2 \quad P_5 \quad P_1 \quad P_4$$

回顾一下所做之事。从计算网页重要性的两个原则开始，假设知道每个反向链接的重要性。计算所有网页重要性的步骤如下：

1. 对 n 个网页，设置其网页重要性为 $1/n$。

2. 把每个网页从反向链接中得到的选票加起来，得到每个网页的重要性。这个计算可得到网页重要性的新值，不同于其初值 $1/n$。

3. 用新的重要性数值，重复步骤 2，直至所有网页的重要性数值不变为止。

4. 反馈所有网页的重要性数值。

上述方法是否适用于一般情况，而不是仅适用于所选的特殊示例？此外，它能得到合理的结果吗？

超链接矩阵和幂方法

用网页反向链接的重要性来计算其重要性的方法有一个优美的公式。从表达网页间链接的图开始，用数值矩阵(matrix)来表示一个图，我们称之为邻接矩阵(adjacency matrix)。该结构简单。我们创建一个矩阵，其行数和列数与图中节点数相同。对应链接的交叉点置 1，其他交叉点置 0。本例的邻接矩阵如下：

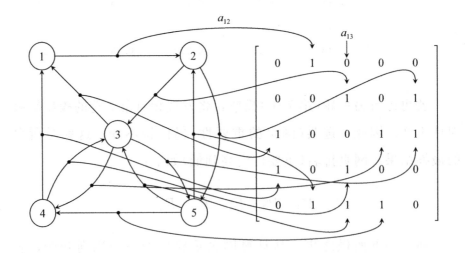

我们也可用一行或向量(vector)表示网页的重要性：

$$\begin{bmatrix} r(P_1) & r(P_2) & r(P_3) & r(P_4) & r(P_5) \end{bmatrix}$$

在进入 PageRank 算法的具体细节时，开始用术语网页排名（pagerank）来表示网页的重要性。你会明白该术语是合理的，因为我们能得到网站中所有网页重要性的排名。由于一行（或向量）包含了所有网页的排名，称该行为图的网页排名向量（pagerank vector）。

每个网页的重要性均分到所链接的网页。现在已有邻接矩阵，对每行中的"1"除以"1"的个数。它等价于将每个网页的选票数除以该网页的超链接数。若我们如此做，得到如下矩阵：

$$\begin{bmatrix} 0 & 1 & 0 & 0 & 0 \\ 0 & 0 & 1/2 & 0 & 1/2 \\ 1/3 & 0 & 0 & 1/3 & 1/3 \\ 1/2 & 0 & 1/2 & 0 & 0 \\ 0 & 1/3 & 1/3 & 1/3 & 0 \end{bmatrix}$$

我们称上面矩阵为超链接矩阵（hyperlink matrix）。

若仔细观察该超链接矩阵，其每列表示一个网页如何获得链接到它的网页的重要性。以第 1 列为例，对应网页 1 的重要性。网页 1 从网页 3 和网页 4 那里获得其重要性。网页 3 把其重要性的 1/3 给网页 1，因为它链到 3 个网页；网页 4 把其重要性的 1/2 给网页 1，因为网页 4 链到两个网页。网页 1 从图中其他网页收到 0 份重要性，因为它们不链到它。网页 1 重要性的计算公式如下：

$$r(P_1) \times 0 + r(P_2) \times 0 + r(P_3) \times \frac{1}{3} + r(P_4) \times \frac{1}{2} + r(P_5) \times 0$$

$$= \frac{r(P_3)}{3} + \frac{r(P_4)}{2}$$

这正是 $r(P_1)$ 定义的精准表达，即网页 1 的排名。我们将网页排名向量中的元素与超链接矩阵第 1 列中所对应元素的乘积再相加，就得到网页排名。

若将网页排名向量中的元素与超链接矩阵第 2 列中所对应元素的乘积再相加，结果是：

$$r(P_1)\times1+r(P_2)\times0+r(P_3)\times0+r(P_4)\times0+r(P_5)\times\frac{1}{3}$$

$$=r(P_1)+\frac{r(P_5)}{3}$$

这正是 $r(P_2)$ 定义（即网页 2 的排名）的精准表达。用网页排名向量的元素与超链接矩阵第 3 列中所对应元素的乘积之加。同样得到 $r(P_3)$，即网页 3 的网页排名：

$$r(P_1)\times0+r(P_2)\times\frac{1}{2}+r(P_3)\times0+r(P_4)\times\frac{1}{2}+r(P_5)\times\frac{1}{3}$$

$$=\frac{r(P_2)}{2}+\frac{r(P_4)}{2}+\frac{r(P_5)}{3}$$

你可验证，用超链接矩阵的第 4 列和第 5 列，可分别得到 $r(P_4)$ 和 $r(P_5)$。这个运算，即网页排名向量中的元素与超链接矩阵中每列内容的乘积之和，实际上就是网页排名向量与超链接矩阵的乘积。

除非你熟悉矩阵运算，否则这可能会让你感到困惑，因为我们通常讨论的是两个数值的乘积，这是常见的乘法，而不是向量和矩阵的乘积。我们可对其他对象定义数学运算，而不仅仅是数值，只要它符合定义。向量和矩阵的乘积就是这样的一种操作，这没什么神秘之处，它只是一种简单运算，定义为向量元素和矩阵元素之间的一种特殊运算。

假设我们制作面包圈和羊角面包，它们的售价分别为 2 美元和 1.5 美元，且我们有两家店。某天，第一家店卖出 10 个面包圈和

20 个羊角面包，第二家店卖出 15 个面包圈和 10 个羊角面包。如何求每家店的总销售额？

为计算第一家店的总销售额，我们将面包圈的价格乘以它出售面包圈的数量，羊角面包的价格乘以它出售羊角面包的数量，并把两个乘积相加：

$$2.00\times10+1.50\times20=50$$

做同样计算可求出第二家店的总销售额：

$$2.00\times15+1.50\times10=45$$

为更简洁地表达，把面包圈和羊角面包的价格写成向量形式：

$$[2.00\quad1.50]$$

我们也把两家店的日销售量写成矩阵形式，该矩阵有两列两行，每家商店对应一列，面包圈销售量对应第一行，牛角面包销售量对应第二行：

$$\begin{bmatrix}10 & 15\\20 & 10\end{bmatrix}$$

然后，为求出每家商店的总销售额，把价格向量的数据乘以销售矩阵的每一列数据，并对乘积相加。这就定义了向量与矩阵的乘积：

$$[2.00\quad1.50]\times\begin{bmatrix}10 & 15\\20 & 10\end{bmatrix}$$
$$=[2.00\times10+1.50\times20\quad2.00\times15+1.50\times10]$$
$$=[50\quad45]$$

向量和矩阵的乘积是两个矩阵乘积的特殊情况。下面扩展该例，不用面包圈和羊角面包的销售价格向量，而用它们的销售价格和销售利润所组成的矩阵：

$$\begin{bmatrix} 2.00 & 1.50 \\ 0.20 & 0.10 \end{bmatrix}$$

为求出每家商店的总销售额和总利润，需创建一个矩阵，其第 i 行第 j 列数值为价格利润矩阵中的第 i 行数据与销售矩阵中的第 j 列中对应数据的乘积之和。两个矩阵乘积的定义如下：

$$\begin{bmatrix} 2.00 & 1.50 \\ 0.20 & 0.10 \end{bmatrix} \times \begin{bmatrix} 10 & 15 \\ 20 & 10 \end{bmatrix}$$

$$= \begin{bmatrix} 2.00\times10+1.50\times20 & 2.00\times15+1.50\times10 \\ 0.20\times10+0.10\times20 & 0.20\times15+0.10\times10 \end{bmatrix}$$

$$= \begin{bmatrix} 50 & 45 \\ 4 & 4 \end{bmatrix}$$

回到网页排名过程，在每轮中，网页排名向量的计算实际上是前一轮网页排名向量与超链接矩阵的乘积。随着多轮计算，我们得到网页排名的逐次估值，即由它们组成网页排名向量的逐次估值。为得到网页排名向量的逐次估值，仅需在每轮中用当前排名向量与超链接矩阵相乘，就可得到下一轮的网页排名向量。

在第一轮中，网页排名向量中每个数值都为 $1/n$，其中 n 是网页总数。用 π_1 表示第一次网页排名向量，即 $\pi_1 = \begin{bmatrix} 1/n & 1/n & \cdots & 1/n \end{bmatrix}$，用 π_2 表示第一轮计算后所得的网页排名向量，用 H 表示超链接矩阵，可得：

$$\pi_2 = \pi_1 \times H$$

在每轮中，用当前网页排名向量计算下一轮的网页排名向量。在第二轮投票时，得到第三个网页排名估值，即第三个网页排名向量，我们做下面计算：

$$\pi_3 = \pi_2 \times H = (\pi_1 \times H) \times H = \pi_1 \times (H \times H) = \pi_1 \times H^2$$

在第三轮投票后，可得第四次网页排名向量：

$$\pi_4 = \pi_3 \times H = (\pi_1 \times H^2) \times H = \pi_1 \times (H^2 \times H) = \pi_1 \times H^3$$

在每次迭代中，用前一次的迭代结果乘超链接矩阵。最后，这就是用超链接矩阵与网页排名向量逐次估值的一系列乘积。正如我们所见，它等价于网页排名向量的初值乘以超链接矩阵的幂（幂次数逐步增加）。该逐次逼近的计算方法称为幂方法（power method）。因此，一组网页排名的计算是幂方法在网页排名向量和超链接矩阵的一次应用。直至网页排名结果向量不再改变为止，或直至其收敛于一个稳定数值——网页排名的最终数值。

现在，我们应该可以对网页图中网页排名的计算过程有一个较精确的描述：

❑ 构造图的超链接矩阵 H。

❑ 初始化网页排名向量 π_1，即 $\pi_1 = \underbrace{[1/n \quad 1/n \quad \cdots \quad 1/n]}_{n}$，其中 n 是网页总数。

❑ 应用幂方法，计算 $\pi_{k+1} = \pi_1 \times H^k$，$k \geqslant 1$，直至网页排名向量的值收敛，即：$\pi_{k+1} = \pi_k$。

除计算简洁之外，该公式将问题转为线性代数中的问题，它是数学的一个分支，该分支关注矩阵及其运算。它有一个完整的理论体系，用于研究幂方法和矩阵操作的性能，如上述的乘法运算。该问题的矩阵公式也可有助于研究幂方法的收敛性，从而使得我们总可获得图中的网页排名结果。

悬空节点和随机浏览

下面来研究一个仅有 3 个节点的简单图，如下图所示。

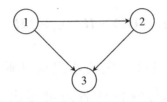

我们想求出这 3 个节点的排名。采用相同的算法，网页排序向量的初值为 $[1/3 \quad 1/3 \quad 1/3]$，即所有节点有相同的排名。然后用网页排名向量乘以图的超链接矩阵（如下图所示）。

$$\begin{bmatrix} 0 & 1/2 & 1/2 \\ 0 & 0 & 1 \\ 0 & 0 & 0 \end{bmatrix}$$

若开始幂方法的迭代，用网页排名向量与超链接矩阵的乘积来修改网页排名向量，一次又一次，我们发现经四次迭代后，所有网页排序都降为 0：

投票轮次	P_1	P_2	P_3
初值	0.33	0.33	0.33
1	0.00	0.17	0.50
2	0.00	0.00	0.17
3	0.00	0.00	0.00

这显然是个问题，我们不希望所有网页的重要性都为 0。毕竟网页 3 有两个反向链接，网页 2 有一个反向链接。所以我们希望在排名结果中有所体现，且更希望网页排名的总和为 1。但在这里，对于任何输入，输出结果都为 "0"。

产生该问题的起因是节点 3。虽然该节点有反向链接，并得到其他网页分配的重要性，但它没有向外链接。所以在该方法中，它吸收图中其他节点的重要性，且没有任何分配。它像一个自私的节点或黑洞一样只进不出。经几次迭代后，它充当一个汇合点的角色，所有网页排名值都进入并消失了。

这样的节点称为悬空节点(dangling node)，因为它们悬在图的终(死)端。在网站中无法禁止此类网页的存在。虽然网页通常有传入链接和传出链接，但无传出链接的网页会出现，且使上述幂方法无效。

我们用一个比喻来解决该问题。想象有一个人从一个网页跳到另一个网页来浏览网站。为从一个网页跳到另一个网页，浏览者通常要点击一个超链接。但浏览者进入一个悬空节点，一个没有链接到其他任何网页的网页。我们不希望该浏览者被困在那里，所以我们给他跳转到网站中任何其他网页的能力。这就好像我们从一个网页浏览到另一个网页，直至到达死胡同。当浏览到那里，我们不会放弃或停止。我们总可在浏览器中键入另一个网站地址，并转向任何其他网页，即使在悬空网页中没有任何链接。这就是我们想要浏览者所做的事。当他不知去哪浏览时，浏览者能从网上任选一个网页，然后继续浏览。该浏览者变成一位随机浏览者，他好像带有瞬间移动装备一样能随心所欲地到处闲逛。

把上面的比喻用在网页排名上，将超链接矩阵解释为浏览者点击链接进入特定网页的概率。对前面存在 3 个节点的示例，超链接矩阵的第 1 行告诉我们：当浏览网页 1 时，他将以相等的概率选择到网页 2 或网页 3。第 2 行告诉我们：当浏览网页 2 时，他总是选择浏览网页 3。回到本章的第一个例子，若浏览者正在浏览网页 5，则他有 1/3 的概率到达网页 2、3 或 4。

悬空节点在超链接矩阵中表现为满行全 0，浏览者不可能去任何地方。这就是随机浏览终止之地。正如我们所说的,浏览者将跳至图中任何一页上。这意味着改变超链接矩阵,使之不再有全 0 行。因为允许浏览者以相等概率跳到任何网页,用 $1/n$ 代替 0 来填充整行。在上例中,用 $1/3$ 来填充整行,其超链接矩阵如下图所示。

$$\begin{bmatrix} 0 & 1/2 & 1/2 \\ 0 & 0 & 1 \\ 1/3 & 1/3 & 1/3 \end{bmatrix}$$

现在,在浏览网页 3 时,浏览者可以等概率到达图中的任何一页。他继续停留在该页上也没关系,因为浏览者可不断尝试,在某些时间点,不同的目标网页可被随机选择。我们称修改过的超链接矩阵(即:全 "0" 行变为全 "$1/n$" 的行)为矩阵 S。若用矩阵 S 来运行幂方法,网页排序演变过程如下图所示。

投票轮次	P_1	P_2	P_3
初值	0.33	0.33	0.33
1	0.11	0.28	0.61
2	0.20	0.26	0.54
3	0.18	0.28	0.54
4	0.18	0.27	0.55
5	0.18	0.27	0.54

这次,算法收敛于非零值,没发生吸收网页重要性的情形。另外,该结果也很有意义。网页排名最高的是网页 3,它有两个反向链接,其次是有一个反向链接的网页 2,最后是根本没有反向链接的网页 1。

Google 矩阵

我们好像解决问题了,但在更复杂的情形下,类似问题出现了。下图中没有悬空节点：

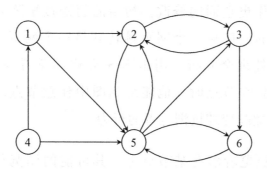

若运行 PageRank 算法，会发现网页 1 和 4 的网页排名都变
为 0。

投票轮次	P_1	P_2	P_3	P_4	P_5	P_6
初值	0.17	0.17	0.17	0.17	0.17	0.17
1	0.08	0.22	0.14	0.00	0.42	0.14
2	0.00	0.25	0.25	0.00	0.29	0.21
3	0.00	0.22	0.22	0.00	0.33	0.22

虽然上图中没有悬空节点，但存在一组节点，它们吸收了
图中其他节点的重要性。若仔细研究图，你就会发现节点 2、3、5
和 6，作为一个节点组，只存在进入链接。有可能从节点 1 或 4 进
入此组，一旦进入此组，则只能在组内转移，不能转出此组。那
位随机浏览者会被困在此组网页中，而非在单一网页内，因为组
内网页仅相互链接（如下图所示）。

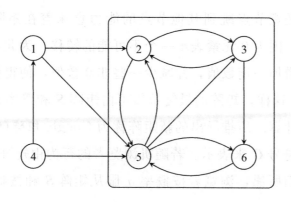

我们需再次帮助随机浏览者逃离此陷阱。这次的解决方案需对超链接矩阵作更全面的修改。初始的超链接矩阵允许浏览者用原始图中现有的链接从一个网页跳转到另一个网页。然后，修改超链接矩阵来处理全 0 行，用矩阵 S 允许浏览者逃离悬空节点。当浏览者处于悬空节点时，他能跳到图中任意节点。下面通过修改矩阵 S 来略微改变随机浏览者的行为。

现在，当浏览者落在某节点上，其可能的浏览行为用矩阵 S 表示。在上例中，因为不存在全 0 行，所以矩阵 S 与超链接矩阵相同（如下图所示）。

$$
S = H = \begin{bmatrix}
0 & 1/2 & 0 & 0 & 1/2 & 0 \\
0 & 0 & 1/2 & 0 & 1/2 & 0 \\
0 & 1/2 & 0 & 0 & 0 & 1/2 \\
1/2 & 0 & 0 & 0 & 1/2 & 0 \\
0 & 1/3 & 1/3 & 0 & 0 & 1/3 \\
0 & 0 & 0 & 0 & 1 & 0
\end{bmatrix}
$$

若随机浏览者落在网页 5 上，则他像矩阵 S 所示的那样可能转到网页 2、3 或 6，且所有转移概率都为 1/3。为使随机浏览者更灵活，他并不总是按矩阵 S 来浏览，而是按概率 a（由我们选定 a 的值）服从矩阵 S 转移，然后按概率 $(1-a)$ 让随机浏览者跳出此图，而不受矩阵 S 约束。

从图中任意节点跳到其他节点的能力意味着在矩阵中不存在任何 0 元素，因为 0 元素表示一个不可能的转移。为此，需将一行中的 0 数值增加一定数值，并减少一些非 0 数值，使得整行数值之和始终为 1。这样，矩阵的最终数值可由矩阵 S 和概率 a 用线性代数的方法来计算。所推导出的新矩阵称为 Google 矩阵（Google matrix），并用符号 G 来表示。若随机浏览者的行为由矩阵 G 来决定，则一切如我们所愿，浏览者按概率 a 服从矩阵 S 和按概率 $(1-a)$

独立转移。对上例，其 Google 矩阵为：

$$
\boldsymbol{G} = \begin{bmatrix}
\dfrac{3}{120} & \dfrac{54}{120} & \dfrac{3}{120} & \dfrac{3}{120} & \dfrac{54}{120} & \dfrac{3}{120} \\[2mm]
\dfrac{3}{120} & \dfrac{3}{120} & \dfrac{54}{120} & \dfrac{3}{120} & \dfrac{54}{120} & \dfrac{3}{120} \\[2mm]
\dfrac{3}{120} & \dfrac{54}{120} & \dfrac{3}{120} & \dfrac{3}{120} & \dfrac{3}{120} & \dfrac{54}{120} \\[2mm]
\dfrac{54}{120} & \dfrac{3}{120} & \dfrac{3}{120} & \dfrac{54}{120} & \dfrac{3}{120} & \dfrac{3}{120} \\[2mm]
\dfrac{3}{120} & \dfrac{37}{120} & \dfrac{37}{120} & \dfrac{3}{120} & \dfrac{3}{120} & \dfrac{37}{120} \\[2mm]
\dfrac{3}{120} & \dfrac{3}{120} & \dfrac{3}{120} & \dfrac{3}{120} & \dfrac{105}{120} & \dfrac{3}{120}
\end{bmatrix}
$$

Google 矩阵与矩阵 $\boldsymbol{S}$ 相比，矩阵 $\boldsymbol{S}$ 的第一行中有两项数值为 $1/2$，其余的为 0。在 Google 矩阵中，把两项 $1/2$ 数值变为 $54/120$，其他由 0 变为 $3/120$。在其他行也发生类似变换。然后，若随机浏览者停留在网页 1，他有 $54/120$ 的概率转移到网页 2 或网页 5，或有 $3/120$ 的概率转移到其他任意网页。

在无链接的转移概率为 $\dfrac{3}{120}$ 的情形下，由矩阵 $\boldsymbol{S}_{n \times n}$ 变为矩阵 $\boldsymbol{G}_{n \times n}$ 的规则如下：

- 矩阵 $\boldsymbol{S}$ 的第 1 行有两个非 0 元素，其值为 $1/2$，其他元素为 0。

  矩阵 $\boldsymbol{G}$ 的第 1 行有两个非 0 元素，$\dfrac{1}{2} \rightarrow \dfrac{54}{120} = \dfrac{1 - 4 \times \dfrac{3}{120}}{2}$，$0 \rightarrow \dfrac{3}{120}$。

- 在其他行中，也发生类似转换。

假设：第 i 行有 k_i 个非 0 元素，$(n-k_i)$ 个 0 元素，$1 \leqslant k_i \leqslant n$，$1 \leqslant i \leqslant n$。转换规则如下：

$$\frac{1}{k_i} \longrightarrow \frac{1-(n-k_i) \times \frac{3}{120}}{k_i}, \qquad 0 \longrightarrow \frac{3}{120}$$

现在给出 PageRank 算法的最终描述：

1. 构造图的 Google 矩阵 G。

2. 初始化网页排名向量 $\boldsymbol{\pi}_1$，即 $\boldsymbol{\pi}_1 = \underbrace{\begin{bmatrix} 1/n & 1/n & \cdots & 1/n \end{bmatrix}}_{n}$，其中 n 是网页总数。

3. 应用幂方法，网页排名向量乘以 Google 矩阵，直至网页排名向量的值收敛。

我们只是将初始算法中的"超链接矩阵 H"替换为"Google 矩阵 G"。若在图中用汇合节点组来跟踪算法的计算过程，则可得：

投票轮次	P_1	P_2	P_3	P_4	P_5	P_6
初值	0.17	0.17	0.17	0.17	0.17	0.17
1	0.10	0.14	0.14	0.10	0.31	0.21
2	0.07	0.15	0.17	0.07	0.31	0.23
3	0.05	0.14	0.18	0.05	0.32	0.26
4	0.05	0.14	0.17	0.05	0.33	0.27

该算法的结果很好，网页排名也不再有 0。

用 Google 矩阵 G 的幂方法总是有效。线性代数知识告诉我们，该算法所计算的网页排序向量总收敛于其最终值，且每行之和仍为 1，而不会受悬空节点或特定子图的困扰，该子图耗尽图中其他节点的排名数值。开始时，甚至无须将网页排名值初始化为 $1/n$。任何初值都可以，只要它们之和为 1。

PageRank 算法的应用

对任意已设计出求其网页排名方法的网络图而言，剩下的问题就是最终的计算结果是否合理。

网页排名向量，按之前所定义，是与 Google 矩阵相关的特殊向量。当幂方法结束时，该网页排名向量不再变化。因此，若用网页排名向量与 Google 矩阵相乘，则得到相同的网页排名向量。在线性代数中，该向量称为 Google 矩阵的*主特征向量*（first eigenvector）。不需要太深数学知识，基本理论就可表明，该向量对矩阵有特殊意义（主特征向量是具有最大特征值的特征向量）。

除数学外，PageRank 算法给每个网页赋予重要性是否是一种好方法，衡量该问题的标准是其搜索结果对用户是否有用。Google 搜索引擎给出很好的搜索结果，这意味着搜索结果符合用户认为重要的结果。若网页排名向量仅有数学价值，与网页重要性无关，那我们也不会关注它。

PageRank 算法的另一优点是能有效地实现。Google 矩阵很大，网站中每个网页对应矩阵中一行和一列。正如我们所见，Google 矩阵由矩阵 S 演变所得，矩阵 S 又由超链接矩阵演变而来。实际上，我们无须建立和存储 Google 矩阵，我们可以方便地用矩阵操作对超链接矩阵动态创建它。与 Google 矩阵中没有 "0" 元素相比，超链接矩阵有很多很多的 "0" 元素。网站可能有数十亿网页，但每个网页仅链接到极少数的其他网页。超链接矩阵是一个*稀疏矩阵*（sparse matrix），矩阵中绝大部分为 0，只有少数为非 0，其个数远少于为 0 的个数。因此可用精明的技术存储稀疏矩阵，无须用大块内存存储大量 0 和少量非 0，而只存储非 0 及其位置。无须存储整个超链接矩阵，仅需存储非 0 项的下标，这只需少量存储空间。这对 PageRank 算法在具体实现中有极大的帮助。

最后，给一个重要说明。虽然我们知道 PageRank 算法在 Google 的成功中起着至关重要的作用，但至今我们不知 Google 是如何应用 PageRank 算法，甚至不知它是否被使用。Google 搜索引擎这些年一直在演变，这些演变都没公开。我们知道 Google 用我们过去的搜索来微调呈现出的搜索结果，它可根据我们所在国家来调整查询结果，它还考虑世界各地的查询趋势。所有这些都是 Google 用来改进其产品并在搜索引擎业务中相对竞争对手保持领先地位的秘密武器。但这并没降低算法在解决网页排名问题时的有效性[⊖]。

PageRank 突显了算法的另一层面。一个算法的成功不仅取决于它的优美和效率，还取决于算法和问题之间的对应关系，这是创造性工作。为解决网络搜索问题，必须克服网站规模巨大的问题。当把网站想象成图，其规模就转变为一种优势，而非障碍。正因为有如此多的网页及其相互链接，你才期望基于图的关联结构方法最终能奏效。在寻找用算法解决问题的过程中，第一步是寻找对问题进行建模的方法。

⊖ 原始的网页排名算法由 Brin 和 Page(1998)发表。我们省略了该算法所用的数学知识。更深入的讨论，参阅 Bryan 和 Leise(2006)。有关搜索引擎和网页排名的介绍，参阅 Langville 和 Meyer(2006)、Berry 和 Browne(2005)。
除网页排名外，另一个用于排名的重要算法是超文本归纳主题搜索，或 HITS (Kleinberg 1998，1999)，其早于网页排名。类似思想在其他领域(如：社会计量学，社会关系的量化分析，计量经济学和经济原理的量化分析等)中的更早运用，一直可追溯到 20 世纪 40 年代(Franceschet 2011)。

第 6 章
Algorithms

深度学习

近年来，深度学习系统层出不穷，并时常登上主流媒体的头条。我们看到了具有人类特征的计算机系统。更让人好奇的是，这些系统常常表现出与人类有某种相似的思维方式。这意味着人工智能的关键可能是模拟人类智能的工作方式。

抛开炒作不谈，多数研究深度学习的科学家并不认同深度学习系统的工作原理与人脑类似。研究目标是使系统表现出某些有用的行为，而这些行为常常与智能联系在一起。然而我们不可能模仿自然，因为人脑结构太复杂以致无法用计算机来模拟。但我们能从过去的研究中获得一些灵感，大大简化模拟工作，并试图构建系统，使该系统在某些领域能完成生物系统所完成的事情，而生物系统是经过数百万年进化而来的。此外，本书关注用深度学习算法来理解深度学习系统。这将揭示"它们到底做了什么"和"如何做"，有助于我们了解深度学习系统成就背后的主要思想并不复杂。但我们不应轻视该领域的成就，我们要明白，深度学习需大量的创新才能结出硕果。

要理解深度学习大概是什么，需从小事开始。在此基础上，勾画出越来越复杂的画面，直至本章结尾，我们将能理解深度学习中的"深度"之意。

生物神经元和人工神经元

我们的介绍起点是深度学习系统的主要构件，其源于生物学。

大脑是神经系统的一部分，而神经系统的主要组成部分是神经元
（neuron）。神经元有其特殊形状，不同于我们通常联想到的细胞球
状结构。下图是最早的神经元图片，由西班牙人 Santiago Ramón y
Cajal 绘于 1899 年，他是现代神经科学的奠基人$^{\ominus}$。

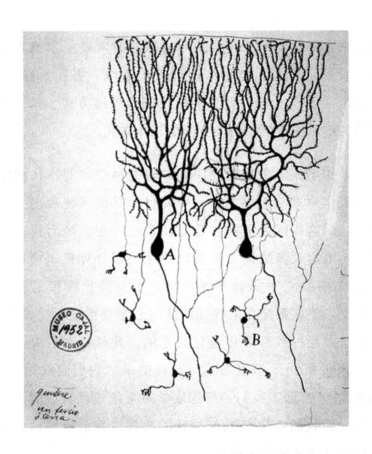

　　图中突出的两个结构是鸽子大脑的两个神经元。如你所见，
神经元由细胞体和从其中延伸出来的细丝组成。这些细丝通过突
触（synapse）把不同的神经元连接在一起，使这些神经元融入神经
网络。神经元是非对称的，每个神经元的一侧有许多细丝，而另
一侧只有一条细丝。我们可把一侧的许多细丝当作神经元的输入，

$\ominus$　虽然现在我们可通过技术手段更仔细地观察神经元，但 Ramón y Cajal 所描绘
的神经元，至今仍被人们看作经典的资料，以及优美的科学艺术。你可在网上
找到大量的神经元图片，但此图对我们已足够。该图片是公开的，可从 com-
mons. wikimedia. org/wiki/File：PurkinjeCell. jpg 获取。

而另一侧的长细丝当作神经元的输出。神经元接受来自传入突触的电信号输入，并可能将信号发送给其他神经元。它接收的输入越多，越可能输出信号。对此，我们说神经元被激活。

人脑是一个巨大的神经元网络，其大约有 1000 亿个神经元，每个神经元平均与数千个其他神经元相连。我们没办法构建这样的东西，但可用简化的理想化神经元模型来构建系统。下图是人工神经元的模型。

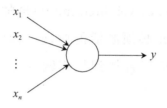

上图是生物神经元的抽象结构，它有多个输入和一个输出。生物神经元的输出依赖其输入，同样，人工神经元也依赖其输入来激活。由于我们的研究不在大脑的生化领域，而是在计算领域，所以需要人工神经元的计算模型。假设神经元接收和发送的信号都是数字。人工神经元接受所有输入后，计算出算术值，并生成一些结果作为输出。不需要任何特殊电路来实现人工神经元，可把人工神经元想象成计算机内部的一个小程序，该小程序与其他计算机程序一样，接受输入并产生输出。我们无须真正搭建人工神经网络，仅需要模拟其工作。

生物神经网络中的学习过程部分体现为神经元之间突触的强化或弱化。新认知能力的获取和知识的吸收会使神经元之间的某些突触增强，而另一些突触减弱，甚至完全消失。此外，突触不仅会激活神经元，也会抑制其激活，也就是当信号到达突触时，神经元不发出信号。婴儿大脑中的突触比成人多，成长的一部分就是修剪大脑中的神经网络。也许我们可以把婴儿大脑想象成一块大理石，随着岁月的流逝，这块大理石会被我们的经历和所学知识所雕刻，并呈现出一个特定形状。

在人工神经元中，通过对输入信号赋予权重（weight）来近似模拟突触的可塑性，也就是神经元的兴奋或抑制作用。在人工神经元模型中，有 n 个输入 x_1，x_2，$\cdots$，x_n，它们所对应的权重分别为 w_1，w_2，$\cdots$，w_n，每个权值乘以对应的输入。神经元所接收的最终输入是这些乘积之和：$\sum_{i=1}^{n} w_i x_i = w_1 x_1 + w_2 x_2 + \cdots + w_n x_n$。对这个加权输入（weighted input）再加上一个偏置（bias）b，该偏置可认为是神经元必须激活的倾向。偏置越大，它被激活的可能性就越大。一个负偏置加到加权输入上，实际上会抑制神经元的激活。

权重和偏置是神经元的参数，因为这些值影响神经元的行为。正如生物神经元的输出依赖其输入一样，人工神经元的输出也依赖其所接收的输入。把加权输入和偏置之和作为输入传给特殊的激活函数（activation function），该函数的结果就是人工神经元的输出。下图表示所发生的过程，用函数 $f(\cdot)$ 表示激活函数。

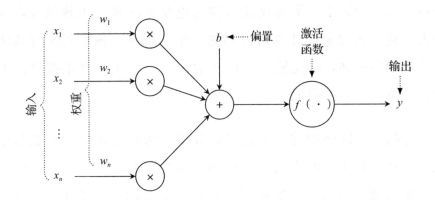

最简单的激活函数是阶梯函数，其函数值为 0 或 1。若激活函数的输入大于 0，则该神经元被激活并输出 1，否则它保持静默并输出 0。

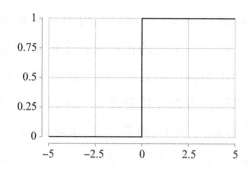

把偏置 b 理解为阈值是有益的。若加权输入超过某个阈值，则该神经元输出 1，否则输出 0。事实上，若把神经元的行为写成一个公式，则其首要条件为 $\sum_{i=1}^{n} w_i x_i + b > 0$ 或 $\sum_{i=1}^{n} w_i x_i > -b$。令 $b = -t$，得 $\sum_{i=1}^{n} w_i x_i > t$，其中，$t$ 为偏置的反数，是加权输入传给神经元并激活的阈值。

在实践中，我们倾向用其他相关激活函数而不是阶梯函数。下图是三个常见的激活函数。

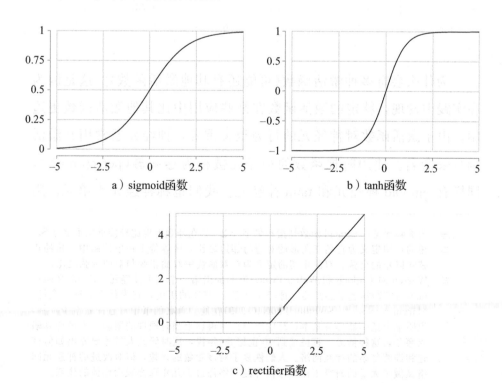

a）sigmoid函数　　　　　　　b）tanh函数

c）rectifier函数

□ 图 a 中的函数为 sigmoid 函数，因为其外形像 S[⊖]。其输出
范围为(0，1)。一个大的正输入产生的输出接近 1，一个大
的负输入产生的输出接近 0。该方法近似于生物神经元，它
被大输入激活，否则保持静默。它平滑逼近阶梯函数。

□ 图 b 中的函数为 tanh 函数，是**双曲正切**(hyperbolic tan-
gent)的缩写(它有多种发音方式——"tan-H""then"或
"thents"，其中"thents"带有柔和的 th，如 thanks 中的
th)[⊖]。它看似 S 形函数，但有不同的输出范围(−1，+1)；
一个大的负输入产生一个负输出，模拟抑制信号。

□ 图 c 中的函数为整流器(rectifier)函数，它将所有负输入变
为 0，否则其输出与输入成正比。

下表显示三个激活函数对不同输入所得到的输出。

激活函数	−5	−1	0	1	5
sigmoid	0.01	0.27	0.5	0.73	0.99
tanh	−1	−0.76	0	0.76	+1
rectifier	0	0	0	1	5

为什么会有多种激活函数(可能还有其他激活函数)？这是因为
在实践中发现，特定的激活函数在某些应用中比其他激活函数更适
用。由于激活函数对神经元的行为至关重要，神经元通常用其激活
函数来命名。使用阶梯函数的神经元被称为**感知器**(perceptron)[⊜]，
同样有 sigmoid 神经元和 tanh 神经元。我们也称神经元为单元，用

⊖　为准确起见，sigmoid 函数是指希腊字母 Σ，Σ 在外观上也比较接近拉丁字母 S。

⊖　角的正切定义为直角三角形的对边与邻边之比，或等价于在单位圆中，角的正
弦除以角的余弦。双曲正切的定义为在双曲线中双曲正弦与双曲余弦之比。

⊜　Warren McCulloch 和 Walter Pitts(1943)提出第一个人工神经元。Frank Rosen-
blatt(1957)描述了感知器。神经元已有 50 多年的历史，它为什么最近才盛行？
Marvin Minsky 和 Seymour Papert(1969)在他们著名的书中对感知器给予批判，
说明单个感知器具有基本计算的局限性。再加上当时硬件的限制，神经计算陷
入寒冬，这种情形一直持续到 20 世纪 80 年代，这时研究人员才研究出如何创
建和训练复杂的神经网络。人们恢复了对该领域的兴趣，但对改进的神经元网
络又做了大量的研究工作，才使神经网络像过去几年那样吸引媒体的注意。

整流器的神经元称为 ReLU(rectified linear unit,整流线性单元)。

单个人工神经元可学会区分两组事物。例如,以下图 a 中的数据为例,它用两个特征描述观察结果,横轴为 x_1,纵轴为 x_2。我们想建立一个系统来区分这两组斑点。给定任何数据,系统能判断它属于哪组。在此情形下,它将创建一个决策边界(decision boundary),如下图 b 所示。对任意数据(x_1,x_2),系统会给出该数据是在亮组还是在暗组。

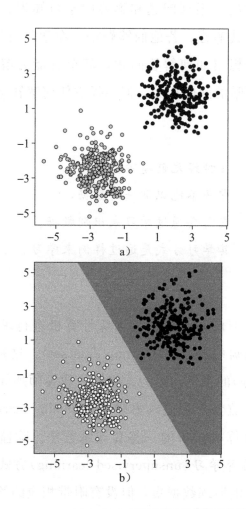

a)

b)

该系统中的神经元只有 x_1 和 x_2 两个输入,然后算出一个输出。若用 sigmoid 激活函数,则输出值在(0,1)内。大于 0.5 的值归于一组,其他值归于另一组。在此方式下,神经元像分类器

(classifier)，将输入数据分为不同类。但它是怎么做到的？神经元是如何做到对数据分类的？

学习过程

在神经元创建时，它并不能识别任何数据，它需要通过学习来识别数据。其学习方式是通过样例来学习。学习过程类似于学生从某个知识点的一系列问题和解答中学习知识。我们要求学生研究每个问题及其解答。若他们够勤奋，在学习解答一些问题后，我们希望他们能想出如何解答问题，甚至有能力解答新问题，该新问题与之前所学的问题相关，但不提供任何解答帮助。

> 在神经元创建时，
> 它并不能识别任何数据，
> 它需要通过学习来识别数据。
> 其学习方式是通过样例来学习。

当神经元学习时，我们通过训练计算机进行求解。已解答的样例问题集称为训练数据集(training data set)，这是监督学习(supervised learning)的实例，因为这些解答像导师那样引导计算机去寻找正确答案。监督学习是机器学习(machine learning)最常见的方式，是训练计算机做事的一整套训练方法。除监督学习外，机器学习也有无监督学习(unsupervised learning)方式。无监督学习方式向计算机提供训练数据集，但没有附带相应的答案。无监督学习有一些重要应用，如将观测值划分到不同聚类中(对观测值的正确聚类没有先验的解)。一般来说，监督学习要比无监督学习更有效，因为前者在训练中提供了更多信息。下面我们仅讨论监督学习。

训练后，学生通常会用一些测试来了解是否已掌握所学内容。同样，在机器学习中，训练后我们给计算机一个未见过的数据集让它求解，该数据集称为测试数据集（test data set）。然后根据机器学习系统解决测试数据中问题的能力来评估其性能。

对分类任务，监督学习的训练是给神经网络大量的观测值（或问题）及其分类（或答案）。希望神经元以某种方式学会如何从观测值中得到其所属类别。然后，若给它以前未见的观测值，它应能正确分类。

对任何输入，神经元的行为都由其权重和偏置决定。开始时，将权重和偏置置为随机数，神经元什么也不知道，就像一名一无所知的学生一样。我们用(x_1, x_2)的形式作为神经元的输入，它产生输出。当权重和偏置随机时，其输出也随机。但对训练数据集中的每个观测值，我们都知道神经元的正确答案应该是什么。然后，计算期望输出与神经元输出之间的偏差。该偏差称为损失（loss），即对给定输入，一个评估神经元错误程度的指标。

比如，对某输入而言，若神经元产生的输出为0.2，而其期望输出为1.0，则用两值之差来计算损失。为避免处理正负损失，通常用差的平方来表示损失。对上例，其损失为$(1.0-0.2)^2=0.64$。若其期望输出为0.0，则其损失为$(0.0-0.2)^2=0.04$。但不管怎样，算出损失后，我们可调整权重和偏置使该损失达到最小。

回到学生的学习过程，每次没做对练习后，我们都会督促他们更好地学习。学生必须微调学习方法并尝试解答下一示例。若再失败，我们再督促他们学习。如此这般，直到训练完数据集中的多数示例，他们越来越多地得到正确结果，且有能力处理测试数据集中的问题。

学生学习时，神经科学告诉我们，大脑内的细丝会发生变化：有些神经元间的突触变强，有些变弱，有些消失。这与人工神经元不完全一致，但有点相似。回顾一下，神经元的行为取决于其输入，权重和偏置。我们无法控制输入，它来自外界，但可修改权重和偏置。这就是实际发生的情况，我们修改权重和偏置，以使神经元的误差最小化。

神经元实现此目标的方式是利用它执行任务的特征。我们希望它接收每个观测值，算出对应类的输出，调整其权重和偏置以使其损失最小化。所以，神经元试图解决的是最小化问题。问题是：给定一个输入和它产生的输出，如何调整权重和偏置使其损失最小化？

这需要关注度方面的观念转变。至今，我们把神经元描述为接收输入并产生输出的东西。按此看法，神经元就是一个大函数，它接收输入，求输入与权重的乘积之和，再加上偏置，把计算结果传递给激活函数，最后产生输出。但若换一种思考方式，已知神经元的输入和输出（训练数据集中的信息），则能修改的就只是权重和偏置。所以，我们把神经元视为一个函数，其变量为权重和偏置，因为我们只能改变这些值，且对每个输入，通过改变它们使其损失最小化。

若以一个简单神经元为例，它仅有一个权重，无偏置，则其损失和权重之间的关系如下图 a 所示。对给定输入，粗曲线显示其损失关于权重的函数。神经元调整其权重，使该函数取最小值。对给定输入，神经元在所标处有当前损失。不幸的是，神经元并不知道最小化损失的理想权重是多少，因为它只知道指定处的函数值，没有如图所示的有利视角。神经元只会通过增加或减少微调其权重，以使它更接近最小值。

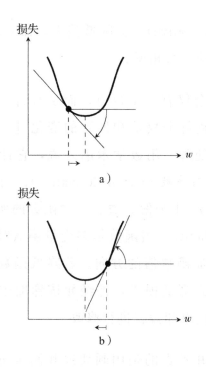

为知道该增加还是减少权重，神经元在当前点作一条切线。然后计算切线的斜率、与横轴的夹角，如上图 a 所示。注意，神经元除在局部点计算外，没有做其他事的特殊能力。切线的斜率是负数，因为该夹角是顺时针方向的。斜率表示函数的变化率（rate of change of a function）。因此，负斜率表示增加权重可降低损失。这时，神经元发现，为减少损失，其权重需向右移动。由于斜率是负数且权重的变化量为正，神经元知道必须将权重朝斜率的相反方向移动。

对上图 b，神经元的状态位于最小损失的右侧，作切线并计算其斜率，切线夹角和斜率都是正的。正斜率表示增加权重，损失也增加。神经元知道，为降低损失，必须减少权重。当斜率为正且权重的变化量为负时，神经元知道必须朝与斜率相反的方向移动。

对上述两种情况，神经元的变化规则是相同的：先计算斜率，按斜率相反的方向更新权重。这看起来像微积分，函数在某点的斜率就是其导数(derivative)。为降低损失，需对其权重略作改变，该变化量与其损失的导数相反。

神经元通常不会仅有一个权重，而是有若干个权重，同时也有偏置。为求出调整每个权重和偏置的变化量，神经元就像仅有单一权重那样进行处理。用数学术语来说，它计算损失函数相对每个权重和偏置的偏导数(partial derivative)。对有 n 个权重和偏置的神经元，共有 $n+1$ 个偏导数。包含函数的所有偏导数的向量称为函数梯度(gradient)。当函数是多变量函数时，其梯度等价于斜率，梯度反映增加函数值的方向。若降低函数值，则向相反的方向变化。所以，为降低损失，神经元按梯度中各偏导数所表示的相反方向对相应权重和偏置进行修改$^{\ominus}$。

神经元的计算并不真的是用画切线和测量角度来进行，存在一些求偏导数和梯度的有效方法，但在此无须详细描述。重要的是，我们有一个很好的方法来调整权重和偏置，以改善神经元的结果。有了这些，学习过程可描述成下面的算法形式。

对训练数据集中的每个输入和期望输出：

1. 计算神经元的输出和损失。
2. 更新神经元的权重和偏置，使其损失最小化。

用训练数据集中的所有数据对神经元完成训练，我们称之为完成了一次学习过程(epoch)。通常我们不会到此为止，会对神经元重复训练多次。这就好像学生在学完所有学习资料后，再从头开始学习一次。我们希望下次训练时，会做得更好些。此时，不是从零开

$\ominus$ 神经网络的挑战之一是符号化可能令人反感，具体化对新学者似乎易懂。事实上，当你知道它是什么时，就会觉得它并不那么复杂。你常看到导数，函数 $f(x)$ 关于 x 的导数写成 $\dfrac{\mathrm{d}f(x)}{\mathrm{d}x}$。多变量函数 $f(x_1, x_2, \cdots, x_n)$ 的偏导数写成 $\dfrac{\partial f}{\partial x_i}$，其梯度表达式写成 $\nabla f = \left(\dfrac{\partial f}{\partial x_1}, \dfrac{\partial f}{\partial x_2}, \cdots, \dfrac{\partial f}{\partial x_n}\right)$。

始,不是一无所知,而是在之前的训练过程中学到了一些东西。

在训练中,反复训练的次数越多,人工神经元对训练数据所得到的结果就越好。但过多的重复训练也可能是坏事。一位反复学习相同问题的学生可能用固定的思维方式来解决问题,但对从未遇到的新问题,他并不知道如何求解。我们会看到这种情况,一位看似准备充分的学生会在考试中不及格。在机器学习中,当用训练数据集训练计算机时,我们称之为拟合数据。过多的训练会导致过度拟合(overfitting):对训练数据集,其性能很好;对测试数据集,其性能很差。

可以证明,按此算法,神经元可学会对任何线性可分(linearly separable)的数据进行分类。若数据是二维的(像前面例子),则这意味着它们可用直线分开。若数据有更多特征,而非(x_1,x_2),前面的原理是通用的。对三维数据,即有 3 个输入(x_1,x_2,x_3),若数据在三维空间可被简单平面划分,则它们是线性可分的。对更多维度,称与线和平面等价的概念为超平面(hyperplane)。

训练结束时,神经元已学会划分数据。"学会"意味着它已找到正确的权重和偏置。如上所述,权重和偏置从随机值开始,逐渐修改它们使损失最小化。回想前面有两部分斑点的图例,神经元学会用一个决策边界将它们分开。我们从下图 a 的神经元演变到下图 b 的神经元,这时你可看到其参数的最终数值。

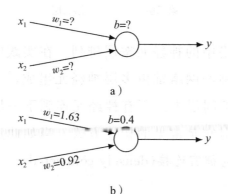

a)

b)

情况并非总是如此。一个单独工作的神经元只能执行特定的任务，比如线性可分数据的分类问题。为处理复杂任务，我们需把单个人工神经元扩展为神经元网络。

从神经元到神经网络

像生物神经网络那样，我们可用互连的神经元构建人工神经网络（artificial neural network）。一个神经元的输入信号可连到其他神经元的输出，其输出信号也可连到其他神经元的输入。如此可构建下图所示的神经网络。

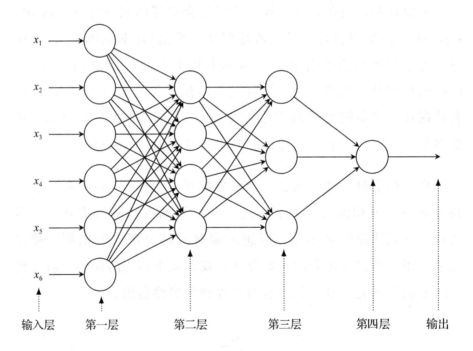

人工神经网络中的神经元按层排列。在实践中常常如此，我们所构建的许多神经网络都由多层神经元组成，一层紧接一层排列，且从左向右把同层中的所有神经元连到下一层中的所有神经元。虽非必要，但它是常见的构建方式。当如此连接层间的神经元时，我们称之为稠密连接（densely connected）。

第一层不可能连接前面层，同样最后一层的输出不可能连接后面层。最后一层的输出是整个神经网络的输出，是网络计算所得的结果。

再回到分类问题。该问题是把数据分成两类，如下图 a 所示。这些数据分散在同心圆之中。对人来说，它们明显属于两个不同组，也明显不是线性可分的，因为无法用直线把它们分为两组。我们想构建一个神经网络，它能区分这两组数据，并对任何未来可能出现的数据，它都能判断出该数据所属组别，如下图 b 所示。对任何明亮背景的观测数据，神经网络会识别出其所属组别；对任何黑暗背景的观测数据，它会告诉我们其属于另一组。

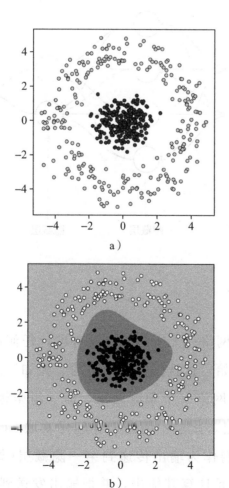

a)

b)

为达到上图 b 中的结果，我们需逐层构建网络。我们在输入层放两个神经元，每个神经元对应一个输入数据。然后增加一层，该层有四个神经元，与输入层稠密相连。由于该层既不连接输入，也不连接输出，所以它是隐藏层（hidden layer）。再添加有两个神经元的隐藏层，与第一个隐藏层稠密相连。最后用一个神经元的输出层来结束神经网络的构建，它与最后的隐藏层稠密相连。所有神经元都用 tanh 激活函数，输出神经元产生的数值范围为（−1，1），其值表示输入数据落在某组的信心。我们获取此值，并根据其值是否大于 0.0，将其转化为二元判断值："Yes" / "No"。按上述方法构建的神经网络如下图所示。

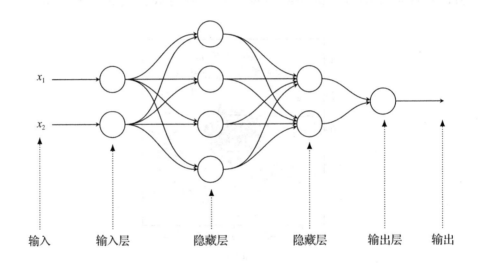

x_1

x_2

输入　　　输入层　　　　隐藏层　　　　隐藏层　　　输出层　　　输出

反向传播算法

最初，神经网络一无所知，也没有进行任何调整，从随机设置权重和偏置开始。这就是神经网络的"无知"之意。然后从测试数据中给神经网络一个观测结果，即一组坐标值。坐标值 x_1 和 x_2 进入输入层，该层中的两个神经元获取 x_1 和 x_2（如下图 a 所示），并将它们作为输出传递到第一隐藏层（如下图 b 所示）。该层的四个神经元计算其输出，并把输出发送到第二隐藏层（如下图 c 所示）。第二隐藏层中的神经元将其输出发送给输出层的神经元，从而产生神经网络的最终输出值（如下图 d 所示）。随着计算逐层进行，神经网络将神经元的结果从输入层向输出层传播。

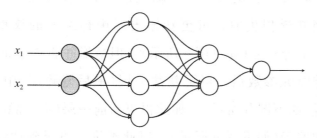

a）接收输入

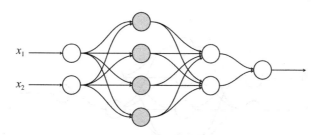

b）输入层结果传递到第一隐藏层

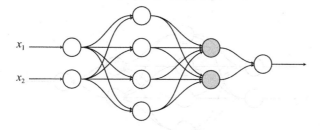

c）输入层结果传递到第二隐藏层

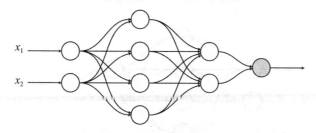

d）第二隐藏层结果传递到输出层，产生神经网络结果

当神经网络结果到达输出层时，像单个神经元那样计算损失。然后调整网络中所有神经元的权重和偏置，而不是单个神经元的权重和偏置，以使其损失最小化。

在调整阶段，需从输出层向输入层（与计算过程反向）方向进行调整。当知道损失时，可更新输出层中神经元的权重和偏置，这里仅有一个神经元（如下图 a 所示），但情形并非总是如此。在更新输出层神经元参数后，可更新前一层（最后隐藏层）中神经元的权重和偏置（如下图 b 所示）。如此再更新前一层（第一隐藏层）神经元的权重和偏置（如下图 c 所示）。以此类推，直至到达输入层（如下图 d 所示）。

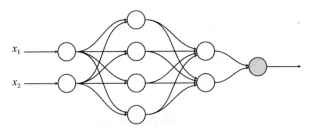

a）调整输出层神经元参数

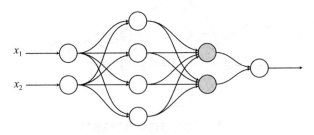

b）调整第二隐藏层神经元参数

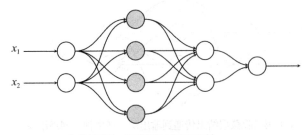

c）调整第一隐藏层神经元参数

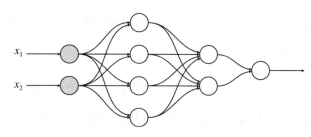

d）调整输入层神经元参数

神经网络中神经元的权值和偏置的更新方式与单个神经元的更新方式相似，更新基于数学导数。你可把整个神经网络视为一个巨大函数，其变量是所有神经元的权重和偏置。然后计算每个权值和偏置相对损失的导数，并用该导数更新神经元。至此，我们来到神经网络学习的核心：反向传播算法（backpropagation algorithm）[⊖]。

对每个输入和期望输出，算法描述如下：

- 从输入层到输出层，逐层计算神经网络的输出和损失。
- 从输出层反向到输入层，更新每个神经元的权重和偏置，使损失最小化。

用反向传播算法，可构建复杂的神经网络，并训练它们执行不同任务。深度学习系统的构件简单，它们是人工神经元，且拥有有限的计算能力：接受输入、乘以权重、求和、加偏置，并用激活函数处理计算结果。神经元的能力来自按特殊方式将大量神经元连接起来，由此构建的神经网络可被训练来执行我们希望它处理的任务。

识别衣物

为使讨论更加具体，假设想构建一个神经网络来识别图像中

⊖ 反向传播算法出现于 20 世纪 80 年代中期，尽管其各种导数可追溯至 20 世纪 60 年代，参见 Rumelhart、Hinton 和 Williams（1986）。

的衣物，这是图像识别(image recognition)任务。神经网络被认为
非常擅长处理此类任务。

每张图像是一张小照片，尺寸为 28×28。训练数据集有
60 000 张图像，测试数据集有 10 000 张图像。用训练数据集中的
60 000 张图像训练神经网络，用测试数据集中的 10 000 张图像来
评估其学习成效。下图是一个示例图像，在图像上添加坐标轴和
网格有助于下面的讨论⊖。

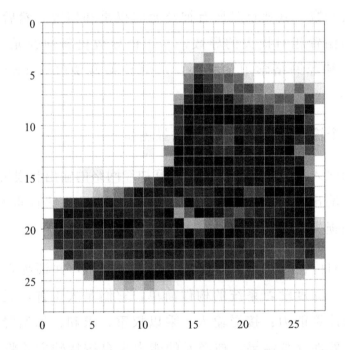

图像被分割成不同的小部分，因为这是处理数字图像的方式。
将整个图像当作矩形块，将其分成小块，共有 $28 \times 28 = 784$ 块，每
小块被赋一个 0 至 255 的整数，它对应灰度，其中 0 表示全白，
255 表示全黑。上图实际对应一个矩阵，如下所示。

⊖　此图源自 Fashion-MNIST 数据，它被设计为机器学习的基准数据集，参见 Xi-
ao、Rasul 和 Vollgraf(2017)。这部分灵感源自基本分类 TensorFlow 教程，见
www.tensorflow.org/tutorials/keras/basic_classification。

0	0	0	0	3	15	66	0	0	52	56	0	0	0	0	0	29	67	115	92	0	0	0	0
0	0	0	1	0	10	72	172	229	173	202	209	167	92	77	159	215	246	225	229	230	206	210	170
0	0	0	1	0	12	130	88	196	245	243	197	119	209	255	244	238	232	228	224	221	205	177	216
0	0	0	4	0	77	141	123	223	220	226	245	217	218	233	220	222	223	220	181	167	192	99	0
0	0	0	3	0	23	146	127	221	223	212	220	217	215	215	248	211	209	223	222	172	156	194	168
0	0	0	1	0	64	122	164	224	213	224	222	234	229	219	250	221	204	217	209	177	176	188	166
0	0	0	0	0	109	121	213	222	211	218	213	223	223	223	188	234	210	215	212	181	192	188	176
0	0	0	4	0	23	161	127	215	224	210	208	215	218	216	224	176	221	191	221	218	186	198	211	181
0	0	0	1	123	156	163	223	227	212	227	221	213	221	218	234	255	154	219	223	206	191	210	182
0	0	0	54	144	107	216	223	235	180	169	198	232	222	211	224	255	188	168	239	199	195	210	182
0	0	0	62	134	178	216	229	228	198	192	203	240	219	208	230	223	221	117	245	216	191	209	179
0	0	0	73	127	176	207	218	233	223	213	218	218	228	222	218	211	206	229	106	227	225	194	204	191
0	0	0	13	136	204	236	223	232	216	218	212	220	230	223	221	205	193	255	73	195	236	196	198	193
0	0	0	36	102	155	207	232	225	228	220	222	228	217	213	200	245	150	65	240	220	200	193	220
0	0	0	0	0	0	69	200	183	193	219	244	236	226	207	226	159	80	241	213	221	210	188	221
0	0	0	1	3	6	0	0	0	0	12	99	55	237	228	217	200	240	217	198	219	211	189	244	35
0	0	0	0	0	0	1	1	0	0	0	0	0	204	222	209	220	215	206	214	207	188	243	41
0	0	0	0	0	0	0	1	0	3	0	6	0	145	220	208	205	194	197	202	213	185	246	72
0	0	0	0	0	0	0	1	0	0	1	0	4	62	228	214	205	220	185	192	210	181	242	44
0	0	0	0	0	0	0	0	0	0	0	0	0	189	204	205	249	216	194	204	175	239	61	0
0	0	0	0	0	0	0	0	0	0	0	0	0	107	208	214	234	225	190	196	172	237	40	0
0	0	0	0	0	0	0	0	0	0	0	2	0	82	224	211	229	211	185	183	175	222	0	0
0	0	0	0	0	0	0	0	0	0	0	7	0	44	221	211	229	205	197	171	191	200	0	0
0	0	0	0	0	0	0	0	0	0	0	6	6	18	224	221	222	193	213	179	212	66	0	0
0	0	0	0	0	0	0	0	0	0	0	4	0	208	224	210	204	194	193	189	0	0	0
0	0	0	0	0	0	0	0	0	0	1	0	187	228	198	212	83	19	74	0	0	0
0	0	0	0	0	0	0	0	0	0	3	0	57	202	233	204	203	122	0	0	0
0	0	0	0	0	0	0	0	0	0	0	0	3	98	75	48	0	0	2	0	0	0

现实中，神经网络通常要求把输入调整到小范围数值，如 0 和 1 之间，否则它可能不能有效运行。你可认为大的输入值会导致神经元偏离正轨。这意味着，在使用上述矩阵前，要把每个元素除以 255。在后面的讨论中，不再特意叙述。

衣物可为 10 个不同类别，如下表所列。对计算机来说，每个类别对应不同数字，称之为标签（label）：

标签	类别	标签	类别
1	t-shirt/top（T 恤衫/上衣）	6	sandal（凉鞋）
2	trouser（裤子）	7	shirt（衬衫）
3	pullover（套头衫）	8	sneaker（运动鞋）
4	dress（连衣裙）	9	bag（包）
5	coat（外套）	10	ankle boot（短靴）

在下图中，每类衣物随机挑选 10 件样品。如你所见，这些照片相当不同，且有些照片也不是某特定衣物类的完美样品。这使得识别问题具有相当大的挑战性。我们要构建一个神经网络，它把这样的图像作为输入，并产生一个输出结果，该输出结果表明神经网络认为其输入是哪类衣物。

我们再次按层构建神经网络。第一层对应输入层神经元，共有 784 个神经元。每个神经元从图像的一个小块（或像素）获取一个输入值，然后把输入值直接输出。若图像是短靴，则第一个神经元获取图像的左上角小块值，即 "0"，并输出 0。其他神经元由上往下、从左到右逐行读取图像中的小块值。靴子脚后跟的右端小块（从底部开始第 4 行，从右边开始第 3 列）值为 58，获取该值并输出。在神经网络中，行和列由上而下、从左到右进行编号。因此，第 25 行第 26 列的输入神经元编号为 $24 \times 28 + 26 = 698$。

神经网络中下一层与输入层稠密连接，它由 128 个 ReLU 神经元组成。该层不直接接收输入（输入层接收输入），也不直接连接输出（会再添加一层）。因此，它是隐藏层，因为在神经网络之外不能观察其结果。由于是稠密连接，这导致输入层和该隐藏层之间有大量连接。隐藏层中每个神经元都连到输入层中所有神经元的输出。这样，每个神经元就有 784 个输入连接，连接总数为 $784 \times 128 = 100\ 352$。

我们再添加一层，即最后一层，该层包含输出神经元，并产生神经网络的结果。它含 10 个输出神经元，每个神经元对应一类。每个输出神经元连到隐藏层中的所有神经元，共有 $10 \times 128 = 1280$ 个连接。神经网络中所有层间的连接总数为 $100\ 352 + 1280 = 101\ 632$。此神经网络的原理如下图所示。由于无法画出所有节点和边，用点框代表输入层和隐藏层中的绝大部分节点，第一框中有 780 个节点，第二框中有 124 个节点。我们仅示意方框内神经元与其他层中神经元之间的链接。

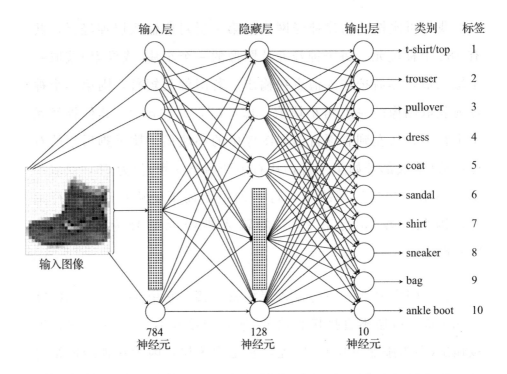

上述神经网络有 10 个输出，输出层中每个神经元有一个输出。
每个输出神经元对应一个类别，其输出表示输入图像属于该类别
的概率。所有 10 个神经元的输出概率之和为 1，因为在处理概率
时一定如此。这是另一个称为 softmax 激活函数的实例，它把输入
的实数向量转为概率分布。让我们看看下面两个例子。

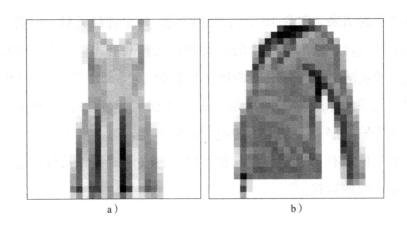

a)　　　　　　　　b)

对图 a 的实例，训练后，神经网络的输出结果如下表中的第三
列所示。

标签	类别	输出类别的概率	
		左上图	右上图
1	t-shirt/top(T 恤衫/上衣)	0.09	0.00
2	trouser(裤子)	0.03	0.00
3	pullover(套头衫)	0.00	0.33
4	dress(连衣裙)	0.83	0.00
5	coat(外套)	0.00	0.24
6	sandal(凉鞋)	0.00	0.00
7	shirt(衬衫)	0.04	0.43
8	sneaker(运动鞋)	0.00	0.00
9	bag(包)	0.01	0.00
10	ankle boot(短靴)	0.00	0.00

这意味着神经网络告诉我们，该输入图像非常可能是一条连衣裙，给出了 83% 的概率，不考虑小概率的 T 恤衫/上衣、衬衫或裤子。

对上页图 b 的实例，神经网络的输出对应上表中的第四列。神经网络认为该输入图像有 43% 的概率是衬衫——判断错误，它实际上是套头衫的照片。尽管如此，该神经网络给出第二可能是套头衫，有 33% 的概率。

我们给出了神经网络输出正确的一个例子和输出错误的一个例子。总之，如果给神经网络许多图像来识别，例如训练数据集中有 60 000 张图片，那么对测试数据集中的 10 000 张图片，神经网络有大约 86% 的正确率。效果不错，该神经网络虽比以前的更加复杂，但它仍是一个简单网络。在此基础上，我们可构建更复杂的网络结构以得到更好的结果。

尽管增加了神经网络的复杂度，但神经网络的学习方法与之前识别数据斑点和同心圆的简单网络是相同的。对每个训练输入，网络得到一个输出，系统将比较期望输出来计算损失。现在的输出不是一个值，而是 10 个值，但原理一样。当神经网络以大约83％的概率识别是衬衫时，我们将其与期望识别概率进行比较，期望识别概率是 100％。因此，我们有两组输出值：一组由神经网络产生，不同类别的衣物有不同概率；另一组是神经网络的期望输出，只有正确类别的对应概率为 1，其余所有概率都为 0。在上例中，神经网络的输出与目标输出如下表所示。

标签	类别	输出值	目标值
1	t-shirt/top(T 恤衫/上衣)	0.00	0.00
2	trouser(裤子)	0.00	0.00
3	pullover(套头衫)	0.33	1.00
4	dress(连衣裙)	0.00	0.00
5	coat(外套)	0.24	0.00
6	sandal(凉鞋)	0.00	0.00
7	shirt(衬衫)	0.43	0.00
8	sneaker(运动鞋)	0.00	0.00
9	bag(包)	0.00	0.00
10	ankle boot(短靴)	0.00	0.00

在上表中取最后两列，并再次计算其损失。这次，因为不是仅有单一输出值，所以不能计算简单的平方差。存在一些方法来计算不同数据组之间的差异。在神经网络中，用分类交叉熵(categorical cross-entropy)来表示两组概率分布之间的差异。计算损失后，更新输出层中的神经元。然后，再更新隐藏层中的神经元。简而言之，执行反向传播。

对训练数据集中的所有图像进行同样的处理过程，即一次训练过程。当完成训练后，再用训练数据集训练一次。在重复此过程的同时试图达到一种平衡，即足够多的训练过程，使神经网络从训练数据集中尽可能多地学习。同时还要避免因为训练次数过多，使神经网络从训练数据集中学到太多信息。在学习过程中，神经网络会对大量神经元的权重和偏置进行调整。输入层仅把输入值传向隐藏层，所以输入层中的神经元无须调整，但在隐藏层中有 100 352 个权重和 128 个偏置，输出层中有 1280 个权重和 10 个偏置，总共有 101 770 个参数。

深度学习的应用

现已验证，虽然单个神经元所做不多，但神经网络可执行任何可用算法描述并在计算机上运行的计算任务。因此，不存在计算机能做而神经网络不能做的事情。当然，整个想法就是，我们无须准确告诉神经网络如何执行任务。我们仅需提供实例使神经网络能用算法来学习如何执行任务，反向传播就是这样的算法。虽然书中例子仅限于分类，但神经网络适用于各种任务。神经网络可预测目标数值（如信用评分）、在不同语言之间翻译、理解和生成语音，甚至在围棋比赛中击败人类冠军。在此过程中，神经网络体现出对古老游戏的全新策略，这让专家们困惑不已。神经网络甚至已学会如何玩围棋游戏，在开始时仅需知道游戏规则，无须访问以前玩过的游戏库，然后继续学习，就像在和自己对局一样[⊖]。

如今，神经网络的成功应用比比皆是，但原理并不新颖。感知器发明于 20 世纪 50 年代，反向传播算法也有 30 多年历史。在此阶段，神经网络的流行随研究人员对其潜力的激情时涨时落。在过去几年里，真正发生变化的是我们有能力构建真正的大型神经网络。这要归功于专用计算机芯片制造技术的进步，这些芯片

⊖ 有关第一次击败围棋冠军的系统 Go 的描述，参阅 Silver 等（2016）。在之前所玩的游戏中，关于无需人类知识的改进系统，参阅 Silver 等（2017）。

可高效执行神经元所做的计算。可以想象神经网络中的所有神经元都安排在计算机内存中，则所需的计算可通过对巨大数值矩阵的运算来完成。神经元计算其输入与权重乘积之和，回想上章讨论过的 PageRank 算法，乘积之和就是矩阵乘法。

事实表明，图形处理单元（graphics processing unit，GPU）非常适合此类操作。GPU 是一种在计算机内部专用于创建和处理图像的计算机芯片，该术语建立在中央处理单元（central processing unit，CPU）基础上。GPU 用来执行计算机图形指令。计算机图形的生成和处理需要对大矩阵进行数值运算，计算机生成的图像是一个巨大数值矩阵。在数小时的游戏中能捕获人类智能的相同技术也用来改进机器智能。

我们从尽可能简单的神经网络（仅含一个神经元）开始，然后添加一些神经元，再增加数百个神经元。尽管如此，我们创建的图像识别神经网络并不能算一个大网络，其结构也并不复杂。我们仅逐层增加神经元。深度学习领域的研究人员在设计神经网络方面已取得巨大进展，其结构可能含数十层。这些层的几何结构不再是简单的，像上面那样的一维神经元集合。例如，层内神经元可以是二维堆叠结构。此外，每层之间也没必要像之前那样稠密连接，其他连接方式也是可以的。也没必要将一层输出简单连接到下层的输入。例如，可在非连续层之间建立连接。我们还可把若干层组合起来当作模块，把模块和其他模块（含其他层）组合起来形成更复杂的架构。如今，有大量神经网络架构可供选择，以便使用特定的架构满足特定的需求。

在神经网络学习时，网络中的所有神经元会更新其权重和偏置。若我们回想发生了什么，可看到，在学习过程中，一组输入可在网络层间进行转换。一旦训练结束，这些层就会通过调整参数获取由输入数据所表示的信息。层的权重和偏置表示其所接收的输入。第一隐藏层与输入层直接连接，对网络输入进行编码。第二隐藏层与第一隐藏层直接相连，对第一隐藏层的输出进行编码。随着多层网络的深入，每层对其前一层的输出进行编码。每层表示都建立在前一层基础上，因此也是前一层更高层次的抽象表示。深度神经网络通过越来越高的抽象层次学到层次概念。在此情形下我们讨论深度学习。我们用连续层次表示一种体系结构，该结构对应更高层次的抽象。

在图像识别中，多层网络的第一层学习并识别小的局部模式，如图像边缘。第二层学习并识别用第一层所识别的模式来构建的模式，如眼睛、鼻子和耳朵。第三层学习并识别用第二层所识别的模式来构建的模式，如人脸。现在你看到用来识别图像的神经网络是多么朴素，我们并没有实现真正的深度学习。通过逐层抽象，我们期望神经网络能发现人类的发现模式，从句子结构到医学图像中恶性肿瘤的迹象，到识别手写字符，到检测在线欺诈等。

然而，你可能会说，这一切归结为更新简单构件（人工神经元）中的简单数值。确实如此。当人们意识到这点时，也许有人会感到失望。他们想知道机器和深度学习是啥样，但答案如此简单，真令人失望，看似呈现人类智慧的东西被简化为这样的基本操作。也许我们宁愿去设计一些更复杂的事物，这样才不伤害我们的自尊。

尽管如此，我们不应忘记，在科学上，我们相信自然可用最基本的原则来解释，并试图寻找那些尽可能简单的基本原理。这并不排斥用简单规则和构件来组成复杂结构和行为。人工神经元要比生物神经元简单得多，虽然生物神经元的工作方式可用简单模型来解释，但正是由于大量相连的生物神经元，我们所知的智能才得以呈现。

> 人工神经元要比生物神经元简单得多，
> 虽然生物神经元的工作方式可用简单模型来解释，
> 但正是由于大量相连的生物神经元，
> 我们所知的智能才得以呈现。

　　这有助于我们正确看待一些事情。的确，人工神经网络有着不可思议的潜力。然而，为使它们有效工作，还需惊人的创造力和杰出的工程成就。这里的描述只涉及其皮毛，比如反向传播。它是神经网络的基础算法，在我们心中能有效执行的是寻找数学导数的过程。研究人员一直致力于设计有效的计算技术，如自动微分法（automatic differentiation），这是一种被广泛用于计算导数的机制，或采用精确方法来计算神经网络参数的变化。现已开发出各种优化器，使我们有能力构建越来越大的神经网络，同时也能更有效地运作。至于底层的硬件部分，硬件工程师正在设计更好的芯片，以期用较少的计算能力，使更多的神经计算运行更快。在网络结构方面，已设计出新的神经网络结构来改善已有的结构。这是研究和实验的热点，甚至通过构建神经网络来设计其他神经网络。所以，每当你看到神经网络取得新成就的新闻报道时，要向辛勤工作的研究人员致敬⊖。

⊖　有关深度学习的文献数不胜数。该主题的全面介绍，参阅 Goodfellow、Bengio 和 Courville（2016）。想阅读简短易懂的介绍，参阅 Charniak（2018）。想阅读简明的概述，参阅 LeCun、Bengio 和 Hinton（2015）。有关深度学习和机器学习的介绍，参阅 Alpaydin（2016）。有关自动神经结构搜索方法的综述，参阅 Elsken、Hendrik Metzen 和 Hutter（2018）。

后　记

2019 年 7 月 15 日，英国央行行长 Mark Carney 展示了新版 50 英镑纸币的设计，预计两年后进入流通领域。英国央行在 2018 年决定用新版钞票来纪念一位科学人物，并开启为期六周的公众提名。对 989 位符合条件的候选人，共收到 227 299 份提名。在此基础上，纸币人物咨询委员会圈选了 12 位候选人物。然后由行长做出最终的决定：选择艾伦·图灵(1912—1954)。他评价道："艾伦·图灵是一位杰出的数学家，其研究对我们今天的生活产生了巨大的影响。作为计算机科学和人工智能之父，以及战争英雄，图灵的贡献是深远的，也是开创性的。图灵是一位巨人，很多人都站在他的肩膀上"[⊖]。

图灵是一位天才，他探索了计算的局限性和本质，预示了智能机器的兴起。他紧抓机器能思考的问题，对数学、生物学和胚胎形态的产生机制做出了贡献，并在二战期间在德国加密信息的密码分析中扮演关键角色(其贡献被保密数十年)。在一次悲剧性事件中，图灵自杀身亡。他在 1952 年被捕，并因同性恋被定罪(当时在英国是有罪的)，被迫进行了荷尔蒙治疗。2013 年颁布了一份官方赦免公告。其肖像被印在新纸币上是平反的象征，这在数十

⊖　除图灵外，候选名单上还有：Mary Anning、Paul Dirac、Rosalind Franklin、William Herschel 和 Caroline Herschel、Dorothy Hodgkin、Ada Lovelace 和 Charles Babbage、Stephen Hawking、James Clerk Maxwell、Srinivasa Ramanujan、Ernest Rutherford 和 Frederick Sanger。Babbage、Lovelace 和图灵都是计算机先驱。Babbage(1791—1871)发明了第一台机械计算机，并提出现代计算机的基本思想。Byron 勋爵的女儿 Lovelace(1815—1852)曾与 Babbage 共事，她意识到他的发明的潜力，并设计出第一个可在该机器上运行的算法。现在公认她是第一位计算机程序员。有关 50 英镑的设计，参阅官方公告：www.bankofengland.co.uk/news/2019/july/50-pound-banknot-character-announcement。

年前是不可想象的[⊖]。

　　本书把算法描述为足够简单和初级，且用笔和纸就可执行的步骤序列。假设用计算机程序来实现算法，那么"算法是什么"这一问题有助于我们理解什么是真正可计算的。这需要我们深入探究这些简单步骤的本质。毕竟，小学生用笔和纸所做之事和大学毕业生所做之事是有差异的。有可能精确定义算法可由哪些步骤组成吗？图灵在计算机问世之前就给出了答案。为回答"计算机能做什么"这个问题，图灵在 1936 年提出了一种机器模型。图灵机（Turing machine）是一个简单精巧的设计。它包括以下几部分[⊜]：

> 有可能精确定义算法可由哪些步骤组成吗？
> 为回答"计算机能做什么"这个问题，
> 图灵在 1936 年提出了一种机器模型。

　　1. *磁带*。磁带被分割成方格或单元。每个单元可以是空白，也可以是一些字符表中的某个符号。该磁带可以无限长。

　　2. 可沿磁带左右移动的读/写头，每次移动一个位置。磁头可读取其下方单元中的符号。称该单元中的符号为扫描符号（scanned symbol）。磁头可擦除或重写该扫描符号。

　　3. *有限控制器*（finite control），也称为*状态寄存器*（state register）。有限控制器处于有限状态集中的某个状态，可把它理解为一个刻有状态的转盘和一个可指向任意状态的指示器。

　　4. *有限指令表*（finite instructions table）。每条指令说明机器的下一步动作。给定机器的当前状态和被扫描的符号，这就是机器将做的。

　　⊖　参阅 Andrew Hodges 的优秀传记（1983）。在 2014 年的电影 *The Imitation Game* 中，图灵破解德国 Enigma 密码机的角色被戏剧化。
　　⊜　有关该机器的描述，参阅 Turing（1937，1938）。

图灵机的模型如下图所示⊖。

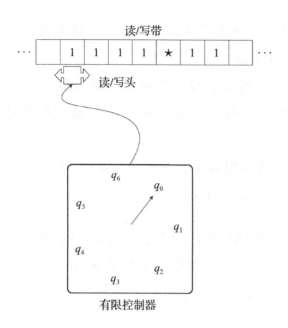

这个特殊图灵机的字母表由 1 和 ★ 组成。有限控制器表示机器可处于七种状态：q_0，q_1，…，q_6。在指令表（如下所示）中，每个状态对应一行，每个符号对应一列。用 B 代表空白以便使之可见。行指示当前状态，列指示扫描符号。指令表中的每一项包含一个三元组，描述一个移动或破折号（表示机器在此行和列不做任何事情）。

有限指令表

状态	符号		
	1	★	B
q_0	$(q_1,\ B,\ R)$	$(q_5,\ B,\ R)$	—
q_1	$(q_1,\ 1,\ R)$	$(q_2,\ ★,\ R)$	—
q_2	$(q_3,\ ★,\ L)$	$(q_2,\ ★,\ R)$	$(q_4,\ B,\ L)$
q_3	$(q_3,\ 1,\ L)$	$(q_3,\ ★,\ L)$	$(q_0,\ B,\ R)$
q_4	$(q_4,\ 1,\ L)$	$(q_4,\ B,\ L)$	$(q_6,\ 1,\ R)$
q_5	$(q_5,\ B,\ R)$	$(q_5,\ B,\ R)$	$(q_6,\ B,\ R)$
q_6	—	—	—

⊖　图灵机的例子取自 John Hopcroft、Rajeev Motwani 和 Jeffrey Ullman（2001，第 8 章）。基于 Sebastian Sardina 例子的图示见 www.texample.net/tikz/examples/turing-machine-2/。

机器移动有三种动作：

- 机器可改变状态或保持不变。下一状态是指令表三元组中的第一个元素。
- 它可在读/写头下写一个符号。该符号可与已有符号相同（结果是现有符号保留在单元中）。被写的符号是三元组中的第二个元素。
- 读/写头可从当前单元向左(L)或右(R)移动。移位方向是三元组中的第三个元素。

下面是图灵机执行算法的例子。若 $a>b$，计算数值 a 和 b 之差；否则，返回 0。该操作称为变形减法（monus）或真减（proper subtraction），记为 $a \dot{-} b$。于是有 $4 \dot{-} 2 = 2$ 和 $2 \dot{-} 4 = 0$。

开始时，我们把机器的输入存入磁带。输入是机器字母表的有限符号串，磁带中从左到右所有其他单元都是空白。在图灵机中，其输入为 $1111 \star 11$。该输入在一元数字系统（unary numeral system）中代表数字 4 和 2，用 $\star$ 分隔。

开始时，读/写头指向输入的最左单元，有限控制器指向状态 q_0。然后，机器开始运作并执行其移动。若跟随机器的前六个操作，则其过程如下。

1. 机器处于状态 q_0，其扫描符号为 1，如图 a 所示。

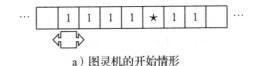

a）图灵机的开始情形

指令表中对应的指令为 (q_1, B, R)，所以机器的状态变为 q_1，且用空白覆盖掉 1，然后读/写头向右移动一位。磁带信息和读/写头位置如图 b 所示。

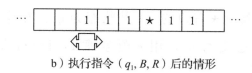

b）执行指令（q_1, B, R）后的情形

2. 对状态 q_1 和扫描符号 1，指令表中对应的指令为（q_1，1，R）。机器读入 1，也写回 1（磁带单元保持原样），读写头向右移动一位，机器仍处于状态 q_1，如图 c 所示。

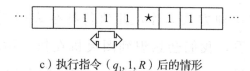

c）执行指令（$q_1, 1, R$）后的情形

3. 机器所做操作与步骤 2 相同，读写 1，保持状态 q_1，并向右移动一位，如图 d 所示。

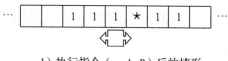

d）执行指令（$q_1, 1, R$）后的情形

4. 机器再次读写 1，保持状态 q_1，并向右移动一位，如图 e 所示。

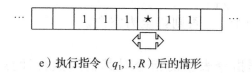

e）执行指令（$q_1, 1, R$）后的情形

5. 读/写头移到符号 ★ 和状态为 q_1。相应的指令为（q_2，★，R）。机器状态变为 q_2，磁带单元的符号仍为 ★，读/写头向右移动一位，如图 f 所示。

f）执行指令（$q_2, ★, R$）后的情形

6. 读/写头移到 ★ 右边的 1，其状态为 q_2。相应的指令为（q_3，★，L）。机器状态变为 q_3，用 ★ 覆盖掉 1，读/写头向左移一位，如图 g 所示。

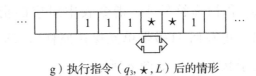

g）执行指令（q_3，★，L）后的情形

机器继续按这种方式运作，并执行指令表中所规定的动作。若从更高层次来看，我们会意识到图灵机在执行循环。在每次循环中，它将输入最左边的 1 变为空白，然后向右搜索 ★。若找到，则继续向右直至找到 1，并将其变为 ★。因此，在每次循环中，机器消除 ★ 左边和右边的 1。在某时刻，这将不再可能。当机器将用空白取代所有符号 ★ 时会终止。该磁带将为 11，相当数字 2，其他为空白。为表示终止，机器进入状态 q_6。根据指令表，它无事可做，机器停止运行。

若输入为 11★1111，机器会努力工作直至磁带单元全为空白才停止，其结果相当于 0。若机器的输入为 a 个 1 加上 ★ 再加上 b 个 1，即 $\underbrace{11\cdots1}_{a个}\star\underbrace{11\cdots1}_{b个}$，若 $a>b$，则机器遵从其移动规则，直至磁带中有（$a-b$）个 1，否则，全为空白。

图灵机根据指令表中的指令对其输入执行计算真减操作的算法。这些步骤是如此简单，以致图灵机的读/写头只需左右移动便可以执行操作。它移动 21 步可求出 $2\dot-4=0$，移动 34 步可求出 $4\dot-2=2$。虽然这些移动动作十分简单，任何有点数学知识的人都可完成。但这些步骤的本质才是关键所在。你不需要任何高级资质来执行图灵机的步骤，仅需查指令表，在磁带上左右移动，每次读/写一个符号，并跟踪自己的状态。这并非微不足道的小事，因为但凡图灵机能执行的步骤就是可组成算法的步骤。

　　本书在较高层次上用较复杂的步骤来描述算法，因为图灵机的操作太底层且细微，用它不便于描述算法。但我们所描述的算法步骤都可用图灵机的步骤序列来表达。我们描述了一个简单的图灵机，它可实现变形减法操作。对较复杂的算法，其所需的图灵机需要有更多的状态、更大的符号表和更大的指令表。且若需要，我们可设计出这样的图灵机。

　　图灵机的简单性掩藏了其适用范围。但对任意给定算法，我们都可通过构造一个图灵机来实现。当计算机运行算法时，计算机可计算的算法对图灵机也是可计算的。也就是说，不管我们用算法做什么，都可用图灵机来做。这是对 Church-Turing 观点的通俗描述，该观点名称取自 Turing 和 Church，美国数学家 Alonzo Church(1903—1995)是理论计算机科学的创始人之一。它是一种观点，但未被证实，也不知是否能被数学证明。若有人设计出一种计算形式，它可计算出图灵机无法计算的东西，则上述观点在理论上就可能被证伪。我们认为这种情况不太可能会发生，因此，我们认为图灵机是算法概念的形式化描述⊖。

　　你可设想一台计算机，想要多强大就有多强大。虽然它会比在符号磁带上执行操作的图灵机要快得多，但它能用算法计算的东西，图灵机也能计算。你甚至可设想现在还无法制造出的计算机。目前计算机用比特(bit)来运作，比特仅有 0 和 1 两种状态。量子计算机(Quantum computer)用量子比特(qubit)来运作。当检测量子比特状态时，它像普通比特一样是 0 或 1。然而，若不检测量子比特时，它可以是状态 0 和 1 的组合，称之为叠加(superposition)。这就像量子比特同时为 0 和 1 两种状态，直到需读取它，需确定其状态为二值之一时它的状态才会确定。这种特殊情况使

　⊖　有关 Church-Turing 观点的详细信息，参阅 Lewis 和 Papadimitriou(1998，第 5 章)。有关 Church-Turing 观点的历史和各种演变的讨论，参阅 Copeland 和 Shagrir(2019)。

量子计算机能表现出计算的多态。量子计算机能快速解决传统计算机难以解决的问题，不幸的是，用目前的技术还很难造出量子计算机。图灵机不能做的，量子计算机也不能做。虽然对一些问题，量子计算机能比现有的任何计算机或图灵机更有效地解决，但图灵机不能解决的问题，量子计算机也不能解决。

计算的极限性由图灵机确定。计算机所能做的任何计算，我们用笔和纸在符号磁带上也能完成。本质上，你在数字设备上执行的一切都是一系列基本的符号操作。在自然科学中，我们观察自然，并相信可用基本原理来解释。在计算机领域，情况恰恰相反。我们有自己的基本原则，并相信可用它们做出惊人之举。

> 计算的极限性由图灵机确定。
> 计算机所能做的任何计算，
> 我们用笔和纸在符号磁带上也能完成。
> 你在数字设备上执行的一切都是一系列基本的符号操作。

当图灵用计算模型提出其计算机器时，数字计算机还未面世。这并没妨碍他探索未来可能被发明出来的计算机器的能力。当我们思考计算机的局限性时，应谨记在现有条件下，人类已创造奇迹。计算的局限性并不能禁锢我们为生活的方方面面设计算法的创造力。当在美索不达米亚出现书写时，书写的目的是协助记录事情，而非创作文学。第一位书写者也许是账房先生，而非作家。即使这样，依然诞生出威廉·莎士比亚这样的著名作家。谁知有朝一日算法会为我们带来什么。

术　语　表

activation(neuron)/激活(神经元)

神经元的输出信号。

activation function/激活函数

根据神经元的输入决定其输出的函数。

acyclic graph/无环图

没有回路的图。

adjacency matrix/邻接矩阵

表示图的矩阵。图中每个节点都对应一行和一列。矩阵中元素为 1，表示该行和列所对应的节点在图中有边相连，其他所有元素的值为 0。

algorithm/算法

1. 翻到此书第一页。

2. 阅读当前页。

3. 若你没明白，转到步骤 2，否则转到步骤 4。

4. 若存在下一页，则将其置为当前页，并转到步骤 2，否则终止。

approximation/近似解

用算法求出问题的解，该算法没找到最优解，但所得解与最优解相差不大。

automatic differentiation/自动微分法

一组计算数值函数导数的技术，该方法不采用解析式，因为解析式需要用微分规则来计算函数的导数。

backlink/反向链接

一个指向正在浏览网页的链接，进一步来说，网页中含有指向正在浏览网页链接的页面。

backpropagation algorithm/反向传播算法

训练神经网络的基本算法，神经网络从最后一层逆向到第一层来校正其权重和偏置。

bias/偏置

神经元中一个控制其兴奋倾向的数值。

big *O*/大 *O*

一种表示计算复杂度的符号。给定一个算法和大于某个阈值的输入，它给出执行算法所需的预期步数的上界。要求输入大于某个阈值，是因为仅对处理一定数据量的算法行为感兴趣。算法的"大 *O*"复杂度保证，对大数据量，算法所需步数不会超过某个特定数值。例如，复杂度为 $O(n^2)$ 的意思是，对输入规模为 n（大于某阈值），执行算法所需的步数不会超过 n^2 的常数倍。

binary search/二分搜索

一种对有序数据进行搜索的算法。算法先检验搜索空间的中间数据。若该数据与所找数据相匹配，则搜索结束。否则，根据该中间数据与搜索目标的大小关系来决定在左半部或右半部重复该过程。

bit/位(比特)

计算机存储信息的基本单位，其值为 0 或 1 的二者之一。位字取自二进制数字。

bug/错误

程序中的错误。托马斯·爱迪生用该术语表示技术故障。在计算机早期，小虫子爬入机器会导致机器故障。1947 年，在 Harvard Mark II 计算机中发现一只导致机器故障的飞蛾，该飞蛾被收藏在机器日志中，是史密森国家历史博物馆的藏品之一。

categorical cross-entropy/分类交叉熵

计算两个概率分布之差的损失函数。

central processing unit/中央处理器(CPU)

在计算机内部执行程序指令的芯片。

chromatic index/着色数

在图着色中，边着色所需的最少颜色数。

Church-Turing 观点

这是一种假设，算法可计算的一切都可用图灵机来计算。

classifier/分类器

一个程序，它能把某个观察分类到若干可能类中的一个。

complexity(computational complexity)/复杂度(计算复杂度)

算法运行所需的时间，该时间是用完成算法所需的基本步骤数的阶来表示。

complexity class/复杂度类

需相同数量的资源(如时间或内存)来解决的一类问题。

control structure/控制结构

在算法或程序中，有三种组合步骤的方式：顺序、选择和循环。

cycle/回路

在图中，起止于同一节点的路径。

dangling node/悬空节点

在 PageRank 算法中，只有入边没有出边的节点。

data structure/数据结构

一种组织数据的方式，这样可用一组特定的指定操作来处理数据。

decision boundary/决策边界

构成不同结果边界的一些变量值，该边界是基于这些变量值所作的单一决策所确定的。

deep learning/深度学习

由若干隐藏层组成的神经网络，隐藏层的排列方式使后继层代表更深层次概念，也对应更高的抽象层次。

degree(node)/度(节点)

与节点相邻的边数。

densely connected/稠密连接

神经网络中的层是这样排列的，使同一层的所有神经元都连接到下一层的所有神经元。

derivative/导数

函数在某一点处的斜率等价于该函数的变化率。比如：加速度是速度的导数(速度随时间的变化率)。

Dijkstra's algorithm/Dijkstra 算法

年轻的荷兰计算机科学家 Edsger Dijkstra 在 1956 年提出的一种算法，它用于寻找图中两节点间的最短路径。它适用于边仅有正权重的图。

directed graph/有向图

一种边有方向的图，简记为 digraph。

divide and conquer/分而治之策略

一种解决问题的方法：把一个问题分解成（通常是两个）小问题，再把小问题用同样的方法分解成更小问题，直到把问题变成足够小以便可直接求解为止。

edge coloring/边着色

给图中的边分配颜色，使相邻的边不用相同颜色。

eigenvector/特征向量

在线性代数中，特征向量是这样的一个向量，用一个特定矩阵与它的相乘，乘积等于该向量与一个数值的乘积。该数值称为其特征值。PageRank 算法是求解 Google 矩阵的主特征向量，即具有最大特征值的 Google 矩阵的特征向量，该最大特征值为 1。

epoch/学习过程

在机器学习中，在训练阶段，用训练数据集中的所有数据训练一次的过程。

Euclid's algorithm/Euclid 算法

一种求两个整数的最大公约数的算法，取自古希腊数学家欧几里得（约公元前 300 年）写的 13 本书 *Elements*。此书从公理开始，并通过在公理基础上证明定理的方法来研究几何和数论。它是现存最古老的运用演绎方法研究数学的著作，同时也是科学史上最具影响力的书籍之一。

Eulerian path/欧拉路径

图中每条边只访问一次的路径，也称为欧拉遍历。

Eulerian tour/欧拉回路

起止于同一节点的欧拉路径，也称为欧拉之旅。

Euler's number/欧拉数

数学常数 e，$e = \lim\limits_{n \to \infty} \left(1 + \dfrac{1}{n}\right)^n \approx 2.718\,28$。

execution path/执行路径

算法在执行过程中所执行的一系列步骤。

exponential growth/指数级增长

一种增长模式，在这种模式中，许多数据连续相乘。比如从数值 a 开始，然后得到数值 $a \times a$，再得到 $a \times a \times a$，…，$\overbrace{a \times a \times \cdots \times a}^{n} = a^n$。数值以指数级快速增长。

factorial/阶乘

自然数 n 的阶乘是从 1 到 n 的所有数的乘积，用符号 $n!$ 表示，即 $n! = 1 \times 2 \times \cdots \times n$。该定义可扩展为实数，但在此不关注后者。

factorial complexity/阶乘复杂度

计算复杂度按阶乘增长，可记为 $O(n!)$。

fire(neuron)/激活(神经元)

见 activation(neuron)/激活(神经元)。

fitting/拟合

在机器学习中，对训练数据进行学习的过程。在此过程中，神经网络建立符合观测结果的模型。

garbage in/无用输入，garbage out/无用输出

若给程序提供无用输入(不是预期的输入)，程序将得出无用输出(不是预期的输出)。

global optimum/全局最优

一个问题的最优解。

Google matrix/Google 矩阵

在 PageRank 算法的幂方法中所用的一种特殊矩阵（超链接矩阵的变异）。

gradient/梯度

包含一个函数所有偏导数的向量。

graph/图

一个节点（顶点）集，一个边（链接）集，用边将节点连接起来。从人类社会到计算机网络，图都可用于建模来表示任意链接结构。因此，许多问题可建模为图，在图上已有许多算法。

graph coloring/图着色

给图中的边或顶点赋予颜色。

graphics processing unit(GPU)/图形处理单元

一种特殊设计的芯片，在计算机内用来执行生成和处理图像的指令。

greatest common divisor(gcd)/最大公约数

给定两个整数，能整除这两个整数的最大整数。

greedy algorithm/贪婪算法

算法在可选择的方案中进行选择时，只会选择能带来最大直接回报的方案。这并不一定会得到最终的最优结果。

hardware/硬件

组成计算机或数字设备的物理部件，该术语与软件互补。

head/头节点

列表中的第一个数据项。

heuristic/启发式

在算法中，在可选方案中做出选择的一种策略。贪婪启发式策略是选择现在看起来最好的选项（不关心未来会发生什么）。

hidden layer/隐藏层

在神经网络中，不直接连接到网络输入层或输出层的网络层。

Hierholzer algorithm/Hierholzer 算法

在图中找欧拉回路的一种算法，由德国数学家 Carl Hierholzer 在 1873 年发表。

hill climbing/爬山法

描述解决问题方法的比喻说法。问题的解在山顶，我们需从山脚往上爬。每爬一步，可能都需在多个可选路径中作一个抉择。根据当前的多个选择，需选择总体最好的路径，一条虽不最好但能到达山巅的路径或一条通往高地的路径。在最坏情况下，我们达到了一个平台期，那将不得不退回到前一个位置，选择另一条道路开始前进。

hyperlink/超链接

从一个文本指向同文本的不同位置或不同文本的引用。在网页中，超链接是用户在浏览时在网页间跳转的链接。

hyperlink matrix/超链接矩阵

表示图结构的矩阵，像邻接矩阵，但矩阵中元素的值是用其行中的元素除以该行中非零元素的个数。

hyperplane/超平面

在三维以上空间中对平面的泛化。

hypertext/超文本

含超链接的文本。

image recognition/图像识别

对图像进行模式识别的计算任务。

insertion sort/插入排序

一种排序方法，其排序策略是将每个数据项插入已排序的数据项，使插入后的数据列表仍然有序。

internet/互联网

计算机和数字设备组成的全球网络，它通过一套通用的通信协议相互通信。起初，大写其首字母（Internet），因为 internet 可指某机构内部之外的任何网络，机构内部网简称为内网（intranet）。然而，随全球互联网的发展，最初大写不再受欢迎，也可能节省一些墨水。

intractable problem/难解问题

除简单情况，用目前所知的最优算法都需大量时间来求解的问题。

iteration/迭代

见术语"loop"。

key/关键字

用来排序或查找记录的部分信息。当关键字不能分解为更小部分（如：标识号）时，称之为原子型关键字，当它包含更小的数据，则称之为复合型关键字（如：由第一名称、中间名和姓氏组成的全名）。

label/标签

在机器学习中，表示观察信息所属的类别值。在训练中，对计算机输入问题及其解。当问题是分类时，其解就是表示其所属类别的标签。

linear search/线性搜索

一种搜索算法，在该算法中，依次检索每项信息，直至找到所要的数据。它也被称为顺序搜索（sequential search）。

linear time/线性时间

算法所需时间与其输入的规模成正比，记为 $O(n)$。

linearly separable/线性可分

一种数据集，其观测值可用二维直线、三维平面或多维超平面划分为两类。

list/列表

包含数据项的数据结构。每个数据项都指向下一个，除最后一个数据项（它不指向任何地方或 null）外。因此，这些数据项是相互链接的，这样的列表也称为链表（linked list）。

local optimum/局部最优

一个比所有相邻解都好的解，但它不是全局最好的解。相邻解是指从目前所得解中我们只需变动一点就能得到的解。

logarithm/对数

幂的逆运算。应对一个数取几次方才能得到想要的数值？对数是此问题的答案。若问题是 10 的几次方等于 1000？答案是 3，因为 $10^3 = 1000$。称所求幂的数为对数的底。若 $a^x = b$，则 $\log_a b = x$。当 $a = 2$ 时，简写为 $\lg b$。

logarithmic time/对数时间

算法所需时间与输入规模的对数成正比。如 $O(\lg n)$。好的搜索算法需要对数时间。

loglinear time/对数线性时间

算法所需时间与输入规模及其对数的乘积成正比。如 $O(n \lg n)$。

好的排序算法需要对数线性时间。

loop/循环

计算机程序中被重复执行的指令序列。当条件满足时，循环结束。不终止的循环是无限循环（死循环），通常这是一个"错误"，因为它可能会导致程序无法终止。见术语"iteration"。

loss/损失

机器学习算法的实际输出和期望输出之差，它通常通过损失函数（loss function）来计算。

machine learning/机器学习

用自动学习的算法来求解问题，该自动学习算法从一些实例（训练数据集）中学习求解策略。

matrix/矩阵

一种二维数组，其元素通常由数值或数学表达式。矩阵内容按水平行和垂直列排列。

Matthew effect/马太效应

"富人越来越富，穷人越来越穷"现象。取名自马太福音，它不仅适用于物质财富，也适用于多种场景。

minimization problem/最小化问题

在所有可能解中，试图找到具有最小值的解。

merge sort/归并排序

一种排序方法，通过合并已排序的数据项来得到更大的排序序列，重复此合并过程，直至得到最终的排序序列。

Moore's law/Moore 定律

集成电路中晶体管数量每两年就会翻一倍，其观点由戈登·

摩尔在 1965 年提出，他是 Fairchild 半导体公司和英特尔公司的创始人。它是一个指数增长的例子。

move to front/置前算法

一个自组织的搜索算法。当找到所找的数据项，算法将该数据项移到第一位置。

multigraph/多重图

某条边可出现多次的图。

multiset/多重集

某元素允许出现多次的集合。在数学的集合中，任何元素至多出现一次。

node/节点

各种数据结构中的一个数据项，列表中的一个数据项称为节点。

neuron/神经元

神经元是构建神经系统的基本细胞，它接收其他神经元信号，并将这些信号传播给神经系统的其他神经元。

null/空

在计算机中表示"空"。

online algorithm/在线算法

为求解问题，无须获取问题全部输入的算法。在线算法是逐步获取问题的输入，并能得到至今为止所有输入的一个解。

onset/重音

节奏中的重音部分。

optimal stopping problem/最优停止问题

当试图进行最大化回报或最小化惩罚时，确定什么时候是最佳停止时间的问题。

optimizers/优化器

优化函数值的算法。在机器学习中，优化就是最小化损失函数的值。

overfitting/过度拟合

在机器学习中，相当于死记硬背。训练模型与训练数据集太接近了以致它对训练数据的准确度过高，从而使它不能正确地预测其他未知数据的值。

overflow/溢出

超出计算机所允许的数值范围。

PageRank/PageRank 算法

根据网页重要性，对网页进行排名的算法。它由 Google 创始人提出，也是 Google 搜索引擎的基础。网页排名次序由其网页排名 pagerank 算法决定。

pagerank vector/pagerank 向量

图中每个节点所对应的网页排名向量。

partial derivative/偏导数

在多变量函数中，保持其他变量不变，函数对某个变量的导数。

path/路径

在图中，连接一系列节点的边序列。

path length/路径长度

在图中，路径中边的权重之和。若图中边没权重，则它为路径中的边数。

perceptron/感知器

一种用阶梯函数来激活的人工神经元。

permutation/排列

按不同次序对一些数据所进行的排列形式。

pointer/指针

计算机内存中的一个位置存储着内存的另一位置的地址。即前者指向后者。

polynomial time/多项式时间

算法所需时间与其输入规模常数次幂成正比，如 $O(n^2)$。

power method/幂方法

一种算法，它从一个向量开始，将它与一个矩阵相乘，将其乘积再乘该矩阵，直至它收敛于一个稳定向量。幂方法是 PageRank 算法的核心，所收敛的向量是 Google 矩阵的主特征向量。

program/程序

用程序设计语言编写的一组指令，它用来描述计算过程。

programming/程序设计

编写计算机程序的技巧。

programming language/程序设计语言

一种用来描述计算步骤的人工语言。程序设计语言可在计算机上运行。像人类语言一样，程序设计语言也有语法，用来标识它可编写什么样语句。现在已有多种程序设计语言，且新的程序设计语言一直在设计之中，以提高编程效率(或因为许多人忍不住要创建自己的语言，并希望它能被广泛采用)。当程序设计语言看似人类语言时，它为高级语言。当其构造是基本的，仅反映底层硬件时，它是低级语言。

punched card/穿孔卡片

一种按打孔位置记录信息的硬纸，也称为穿孔卡。这种卡片用于早期计算机，在此之前，卡片在提花织布机中用于描述织布图案。

quantum computer/量子计算机

利用量子现象进行计算的计算机。量子计算机用量子位取代比特。用量子计算机解决有些问题比经典计算机有更快的速度。制造量子计算机目前在物理上还有艰难的挑战。

qubit/量子位

量子信息的基本单位。量子位存在于 0 和 1 两种状态的叠加之中，直至有人检测它时，它可坍缩成二进制值中的一个。量子位可用量子特性来实现，比如电子的自旋。

quicksort/快速排序

一种排序方法，其工作原理是重复选择一个数据项，并在其左右移动其他数据项，以便所有较小数据项被安排在一边，其余数据项被安排在另一边。

radix sort/基数排序

一种排序方法，其工作原理是将关键字分解成若干部分（如数值关键字中的数字），并将数据按其关键字中的部分值放入相应堆中（10 个堆，每个数字对应一个堆）。算法先根据最后一位数字（个位）形成 10 个堆，然后将所有堆中数据回收，再根据关键字中的另一位（非最后一位）数字把所有数据重新分配到堆中，依此类推。当算法处理第一位数字时，将得到一个已排序堆。它也是字符串排序方法，因为数值关键字可视为数字串。

random surfer/随机浏览者

从一个页面浏览到另一页面，根据 Google 矩阵中的概率选择下一个网页的浏览者。

randomization/随机化

在算法中使用随机性。用此方法，算法在多数情况下能找到问题的好解，即使找其最优解在可计算性质上是不可行的。

record/记录

在特定应用中，描述实体的一组相关数据。例如，学生记录可包括身份识别数据、入学年度和成绩单等。

rectifier/整流器

一种激活函数，它将所有负值输入变为零，或其输出与其正输入成正比。

relaxation/松弛法

图算法中的一种方法，先将最坏的取值作为所求值，然后通过对这些值产生更好的估值来推进算法的执行过程。因此，算法从可能的极端数值开始，逐步用更接近最终结果的数值更改这些极端数值。

ReLU(Rectified Linear Unit)/整流线性单元

用整流器作为其激活函数的神经元。

search space/搜索空间

搜索的值域。

secretary problem/秘书的问题

一个最优停止问题。从一组候选对象中，依次考察每个对象，且必须当场决定雇用与否，不能推翻过去的决定，也不能考察剩余候选人。

selection/选择

在算法和程序设计中，根据某种逻辑条件，在一系列可选的执行步骤中作选择。

selection sort/选择排序

一种排序方法，每次找到未排序项中的最小值，并将其放入正确位置。

self-organizing search/自组织搜索

一种搜索策略，自动调整搜索热点的位置，以便下次能更快速地找到它们。

sequence/顺序

在算法和程序设计中，依次执行的一系列步骤。

shortest path/最短路径

图中两个节点间的最短路径。

sigmoid 函数

一种 S 形函数，其值范围为 $(0，1)$。

social network/社交网络

一种图，其节点是人，边是人与人之间的关系。

softmax 函数

一种激活函数，它用实数向量作为输入，并将其转换为一个概率分布向量。

software/软件

在计算机或数字设备上运行的程序，是硬件的补充。该术语在计算机出现前也曾在其他情景下使用过。1850 年，拾荒者用"软件"和"硬件"来区分可分解的物质和其他物质。

spallation/散裂

把材料分裂成更小碎片。在核物理中，这种物质是重原子核，在被高能粒子轰击后它能释放出大量质子和中子。

sparse matrix/稀疏矩阵

大多数元素为 0 的矩阵。

string/字符串

一个符号序列。通常情况下，字符串是若干字符组成的序列，但实际上字符串取决于具体应用。它可以是数字、字母、标点符号，甚至是新发明的符号，如表情符号等。

string sorting method/字符串排序方法

一种将关键字当作符号序列的排序方法。例如，关键字 1234 被视为数字字符 "1" "2" "3" 和 "4" 组成的字符串，而不是数值 1234。

supervised learning/监督学习

一种机器学习方法，在这种学习方法中，提供问题的输入及其解。

synapse/突触

神经元之间的连接。

tabulating machine/读卡机

能读取穿孔卡片，并用卡片上的信息进行计数的机电设备。

tanh(hyperbolic tangent)/双曲正切

一种激活函数，看起来像 sigmoid 函数，但其输出范围为 $(-1, 1)$。

test data set/测试数据集

这些数据是在训练时预留出来的，以便可用它们来检查特定的机器学习方法对真实数据的表现。

tour/游历

在图中，起止于同一节点的路径，也被称为回路。

training/训练

在机器学习中，为算法提供示例输入，使之能从中学到正确输出的过程。

training data set/训练数据集

在机器学习中，用于训练算法来求解问题的数据。

transposition method/换位法

一个自组织的搜索算法。当找到某个数据时，把它和其前面的数据交换位置（已在第一位置除外）。用这种方式，使搜索热点逐步前移。

traveling salesman problem/旅行商问题

也称为"推销员旅行问题"，但人们并没过多考虑性别问题。该问题是，若有一组城市和每对城市间的距离，一个人从一个城市出发经每个城市一次仅一次，并返回到出发城市的最短路线是什么？这是最著名的难解问题。

Turing machine/图灵机

由 Alan Turing 描述的一种理想化（抽象）机器，它由一条无限长磁带和一个可移动的读写头组成，该读写头遵循给定规则在磁带上读写符号和左右移动。图灵机可实现任何算法，因此它可用作定义什么是可被计算的模型。

unary numeral system/一元数字系统

采用单一符号表示数值的数字系统。例如，一个笔画表示一个单位，因此 III 表示数值 3。

undirected graph/无向图

用无向边表示节点间连接的图。

unsupervised learning/无监督学习

一种机器学习方法，在该方法中，提供问题输入，但无相应的解。然后，为获得其解，机器学习算法需推导出其期望输入。

vector/向量

横向量或竖向量（或更一般的数学表达式）。通常，在几何中用向量表示一个有长度和方向的几何实体，用其数值坐标表示成行或列。但向量符号比这更普遍，如网页排名向量。向量是矩阵的特殊形式。

vertex coloring/点着色

将颜色分配给图中的节点，使相邻节点用不同颜色。

weight(graph)/权重(图)

在图中，标在边上的数值。例如，该数值可以表示与边相关的奖励或惩罚。

weight(neuron)/权量(神经元)

在神经元中，标在突触上的数值。对每个突触，神经元接收的信息是输入和其权重的乘积。

weighted input(neuron)/加权输入(神经元)

输入和神经元权重乘积之和。

参 考 文 献

Alpaydin, Ethem. 2016. *Machine Learning*. Cambridge, MA: MIT Press.

Bachrach, Ran, Ran El-Yaniv, and Martin Reinstädtler. 2002. "On the Competitive Theory and Practice of Online List Accessing Algorithms." *Algorithmica* 32 (2): 201–245.

Barabási, Albert-László, and Pósfai Márton. 2016. *Network Science*. Cambridge: Cambridge University Press.

Bar-Noy, Amotz, Rajeev Motwani, and Joseph Naor. 1992. "The Greedy Algorithm Is Optimal for Online Edge Coloring." *Information Processing Letters* 44 (5): 251–253.

Bearden, J. Neil. 2006. "A New Secretary Problem with Rank-Based Selection and Cardinal Payoffs." *Journal of Mathematical Psychology* 50:58–59.

Benjamin, Arthur, Gary Chartrand, and Ping Zhang. 2015. *The Fascinating World of Graph Theory*. Princeton, NJ: Princeton University Press.

Bentley, Jon. 2000. *Programming Pearls*. 2nd ed. Boston: Addison-Wesley.

Berry, Michael W., and Murray Browne. 2005. *Understanding Text Engines: Mathematical Modeling and Text Retrieval*. 2nd ed. Philadelphia: Society for Industrial and Applied Mathematics.

Biggs, Norman L., E. Keith Lloyd, and Robin J. Wilson. 1986. *Graph Theory, 1736–1936*. Oxford: Clarendon Press.

Bjorklund, Eric. 1999. "The Theory of Rep-Rate Pattern Generation in the SNS Timing System." SNS-NOTE-CNTRL-99. Spallation Neutron Source. https://ics-web.sns.ornl.gov/timing/Rep-Rate%20Tech%20Note.pdf.

Bloch, Joshua. 2006. "Extra, Extra—Read All about It: Nearly All Binary Searches and Mergesorts Are Broken." *Google AI Blog*, June 2. http://googleresearch.blogspot.it/2006/06/extra-extra-read-all-about-it-nearly.html.

Brin, Sergey, and Lawrence Page. 1998. "The Anatomy of a Large-Scale Hypertextual Web Search Engine." *Computer Networks and ISDN Systems* 30 (1–7): 107–117.

Bryan, Kurt, and Tanya Leise. 2006. "The $25,000,000,000 Eigenvector: The Linear Algebra behind Google." *SIAM Review* 48 (3): 569–581.

Charniak, Eugene. 2018. *Introduction to Deep Learning*. Cambridge, MA: MIT Press.

Compeau, Phillip E. C., Pavel A. Pevzner, and Glenn Tesler. 2011. "How to Apply de Bruijn Graphs to Genome Assembly." *Nature Biotechnology* 29 (11): 987–991.

Copeland, B. Jack, and Oron Shagrir. 2019. "The Church-Turing Thesis: Logical Limit or Breachable Barrier?" *Communications of the ACM* 62 (1): 66–74.

Demaine, Erik D., Francisco Gomez-Martin, Henk Meijer, David Rappaport, Perouz Taslakian, Godfried T. Toussaint, Terry Winograd, and David R. Wood. 2009. "The Distance Geometry of Music." *Computational Geometry: Theory and Applications* 42 (5): 429–454.

Dyson, George. 2012. *Turing's Cathedral: The Origins of the Digital Universe*. New York: Vintage Books.

Elsken, Thomas, Jan Hendrik Metzen, and Frank Hutter. 2018. "Neural Architecture Search: A Survey." ArXiv, Cornell University. August 16. http://arxiv.org/abs/1808.05377.

Eulerho, Leonhardo. 1736. "Solutio Problematis Ad Geometrian Situs Pertinentis." *Commetarii Academiae Scientiarum Imperialis Petropolitanae* 8:128–140.

Ferguson, Thomas S. 1989. "Who Solved the Secretary Problem?" *Statistical Science* 4 (3): 282–289.

Fleischner, Herbert, ed. 1991. "Chapter X Algorithms for Eulerian Trails and Cycle Decompositions, Maze Search Algorithms." In *Eulerian Graphs and Related Topics*, 50:X.1–X.34. Amsterdam: Elsevier.

Franceschet, Massimo. 2011. "PageRank: Standing on the Shoulders of Giants." *Communications of the ACM* 54 (6): 92–101.

Friend, Edward H. 1956. "Sorting on Electronic Computer Systems." *Journal of the ACM* 3 (3): 134–168.

Goodfellow, Ian, Yoshua Bengio, and Aaron Courville. 2016. *Deep Learning*. Cambridge, MA: MIT Press.

Hand, David J. 2014. *The Improbability Principle: Why Coincidences, Miracles, and Rare Events Happen Every Day*. New York: Farrar, Straus and Giroux.

Hawking, Stephen. 1988. *A Brief History of Time*. New York: Bantam Books.

Hierholzer, Carl. 1873. "Ueber die Möglichkeit, einen Linienzug ohne Wiederholung und ohne Unterbrechung zu Umfahren." *Mathematische Annalen* 6 (1): 30–32.

Hoare, C. A. R. 1961a. "Algorithm 63: Partition." *Communications of the ACM* 4 (7): 321.

Hoare, C. A. R. 1961b. "Algorithm 64: Quicksort." *Communications of the ACM* 4 (7): 321.

Hoare, C. A. R. 1961c. "Algorithm 65: Find." *Communications of the ACM* 4 (7): 321–322.

Hodges, Andrew. 1983. *Alan Turing: The Enigma*. New York: Simon and Schuster.

Hollerith, Herman. 1894. "The Electrical Tabulating Machine." *Journal of the Royal Statistical Society* 57 (4): 678–689.

Hopcroft, John E., Rajeev Motwani, and Jeffrey D. Ullman. 2001. *Introduction to Automata Theory, Languages, and Computation*. 2nd ed. Boston: Addison-Wesley.

Iwashita, Hiroaki, Yoshio Nakazawa, Jun Kawahara, Takeaki Uno, and Shin-ichi Minato. 2013. "Efficient Computation of the Number of Paths in a Grid Graph with Minimal Perfect Hash Functions." Technical Report TCS-TR-A-13-64. Division of Computer Science, Graduate School of Information Science, Technology, Hokkaido University.

Kekulé, August. 1872. "Ueber Einige Condensationsprodukte Des Aldehyds." *Annalen der Chemie und Pharmacie* 162 (1): 77–124.

Kleinberg, Jon M. 1998. "Authoritative Sources in a Hyperlinked Environment." In *Proceedings of the Ninth Annual ACM-SIAM Symposium on Discrete Algorithms*, 668–677. Philadelphia: Society for Industrial and Applied Mathematics.

Kleinberg, Jon M. 1999. "Authoritative Sources in a Hyperlinked Environment." *Journal of the ACM* 46 (5): 604–632.

Knuth, Donald E. 1970. "Von Neumann's First Computer Program." *Computing Surveys* 2 (4): 247–261.

Knuth, Donald E. 1972. "Ancient Babylonian Algorithms." *Communications of the ACM* 15 (7): 671–677.

Knuth, Donald E. 1997. *The Art of Computer Programming, Volume 1: Fundamental Algorithms*. 3rd ed. Reading, MA: Addison-Wesley.

Knuth, Donald E. 1998. *The Art of Computer Programming, Volume 3: Sorting and Searching*. 2nd ed. Reading, MA: Addison-Wesley.

Knuth, Donald E. 2011. *The Art of Computer Programming, Volume 4A: Combinatorial Algorithms, Part 1.* Upper Saddle River, NJ: Addison-Wesley.

Langville, Amy N., and Carl D. Meyer. 2006. *Google's PageRank and Beyond: The Science of Search Engine Rankings.* Princeton, NJ: Princeton University Press.

LeCun, Yann, Yoshua Bengio, and Geoffrey Hinton. 2015. "Deep Learning." *Nature* 521 (7553): 436–444.

Lewis, Harry R., and Christos H. Papadimitriou. 1998. *Elements of the Theory of Computation.* 2nd ed. Upper Saddle River, NJ: Prentice Hall.

McCabe, John. 1965. "On Serial Files with Relocatable Records." *Operations Research* 13 (4): 609–618.

McCulloch, Warren S., and Walter Pitts. 1943. "A Logical Calculus of the Ideas Immanent in Nervous Activity." *Bulletin of Mathematical Biophysics* 5 (4): 115–133.

Merton, Robert K. 1968. "The Matthew Effect in Science." *Science* 159 (3810): 56–63.

Minsky, Marvin, and Seymour Papert. 1969. *Perceptrons: An Introduction to Computational Geometry.* Cambridge, MA: MIT Press.

Misa, Thomas J., and Philip L. Frana. 2010. "An Interview with Edsger W. Dijkstra." *Communications of the ACM* 53 (8): 41–47.

Mitzenmacher, Michael, and Eli Upfal. 2017. *Probability and Computing: Randomization and Probabilistic Techniques in Algorithms and Data Analysis.* 2nd ed. Cambridge: Cambridge University Press.

Parker, Matt. 2014. *Things to Make and Do in the Fourth Dimension: A Mathematician's Journey through Narcissistic Numbers, Optimal Dating Algorithms, at Least Two Kinds of Infinity, and More.* London: Penguin Books.

Pattis, Richard E. 1988. "Textbook Errors in Binary Searching." *SIGCSE Bulletin* 20 (1): 190–194.

Pevzner, Pavel A., Haixu Tang, and Michael S. Waterman. 2001. "An Eulerian Path Approach to DNA Fragment Assembly." *Proceedings of the National Academy of Sciences* 98 (17): 9748–9753.

Pinker, Steven. 2018. *Enlightenment Now: The Case for Reason, Science, Humanism, and Progress.* New York: Viking Press.

Rivest, Ronald. 1976. "On Self-Organizing Sequential Search Heuristics." *Communications of the ACM* 19 (2): 63–67.

Rosenblatt, Frank. 1957. "The Perceptron: A Perceiving and Recognizing Automaton." Report 85-460-1. Cornell Aeronautical Laboratory.

Rumelhart, David E., Geoffrey E. Hinton, and Ronald J. Williams. 1986. "Learning Representations by Back-Propagating Errors." *Nature* 323 (6088): 533–536.

Silver, David, Aja Huang, Chris J. Maddison, Arthur Guez, Laurent Sifre, George van den Driessche, Julian Schrittwieser, et al. 2016. "Mastering the Game of Go with Deep Neural Networks and Tree Search." *Nature* 529 (7587): 484–489.

Silver, David, Julian Schrittwieser, Karen Simonyan, Ioannis Antonoglou, Aja Huang, Arthur Guez, Thomas Hubert, et al. 2017. "Mastering the Game of Go without Human Knowledge." *Nature* 550 (7676): 354–359.

Strogatz, Steven. 2012. *The Joy of x: A Guided Tour of Math, from One to Infinity.* New York: Houghton Mifflin Harcourt.

Taleb, Nassim Nicholas. 2007. *The Black Swan: The Impact of the Highly Improbable.* New York: Random House.

Toussaint, Godfried T. 2005. "The Euclidean Algorithm Generates Traditional Musical Rhythms." In *Renaissance Banff: Mathematics, Music, Art, Culture*, edited by Reza Sarhangi and Robert V. Moody, 47–56. Winfield, KS: Bridges Conference, Southwestern College.

Toussaint, Godfried T. 2013. *The Geometry of Musical Rhythm: What Makes a "Good" Rhythm Good?* Boca Raton, FL: CRC Press.

Turing, Alan M. 1937. "On Computable Numbers, with an Application to the Entscheidungsproblem." *Proceedings of the London Mathematical Society* S2–42:230–265.

Turing, Alan M. 1938. "On Computable Numbers, with an Application to the Entscheidungsproblem. A Correction." *Proceedings of the London Mathematical Society* S2–43:544–546.

Tyson, Neil deGrasse, Michael Abram Strauss, and Richard J. Gott. 2016. *Welcome to the Universe: An Astrophysical Tour.* Princeton, NJ: Princeton University Press.

West, Geoffrey. 2017. *Scale: The Universal Laws of Life, Growth, and Death in Organisms, Cities, and Companies.* London: Weidenfeld and Nicholson.

Xiao, Han, Kashif Rasul, and Roland Vollgraf. 2017. "Fashion-MNIST: A Novel Image Dataset for Benchmarking Machine Learning Algorithms." August 28. https://arxiv.org/abs/1708.07747.

延 伸 阅 读

Broussard, Meredith. 2018. *Artificial Unintelligence: How Computers Misunderstand the World*. Cambridge, MA: MIT Press.

Christian, Brian, and Tom Griffiths. 2016. *Algorithms to Live By: The Computer Science of Human Decisions*. New York: Henry Holt and Company.

Cormen, Thomas H. 2013. *Algorithms Unlocked*. Cambridge, MA: MIT Press.

Cormen, Thomas H., Charles E. Leiserson, Ronald L. Rivest, and Clifford Stein. 2009. *Introduction to Algorithms*. 3rd ed. Cambridge, MA: MIT Press.

Denning, Peter J., and Matti Tedre. 2019. *Computational Thinking*. Cambridge, MA: MIT Press.

Dewdney, A. K. 1993. *The (New) Turing Omnibus: 66 Excursions in Computer Science*. New York: W. H. Freeman and Company.

Dyson, George. 2012. *Turing's Cathedral: The Origins of the Digital Universe*. New York: Vintage Books.

Erwig, Martin. 2017. *Once upon an Algorithm: How Stories Explain Computing*. Cambridge, MA: MIT Press.

Fry, Hannah. 2018. *Hello World: How to Be Human in the Age of the Machine*. London: Doubleday.

Harel, David, and Yishai Feldman. 2004. *Algorithmics: The Spirit of Computing*. 3rd ed. Harlow, UK: Addison-Wesley.

Louridas, Panos. 2017. *Real-World Algorithms: A Beginner's Guide*. Cambridge, MA: MIT Press.

MacCormick, John. 2013. *Nine Algorithms That Changed the Future: The Ingenious Ideas That Drive Today's Computers*. Princeton, NJ: Princeton University Press.

O'Neil, Cathy. 2016. *Weapons of Math Destruction: How Big Data Increases Inequality and Threatens Democracy*. New York: Crown Publishing Group.

Petzold, Charles. 2008. *The Annotated Turing: A Guided Tour through Alan Turing's Historic Paper on Computability and the Turing Machine*. Indianapolis: Wiley Publishing.

Sedgewick, Robert, and Kevin Wayne. 2017. *Computer Science: An Interdisciplinary Approach*. Boston: Addison-Wesley.

推荐阅读

算法导论（原书第3版）

作者：Thomas H.Cormen, Charles E.Leiserson, Ronald L.Rivest, Clifford Stein
译者：殷建平 徐 云 王 刚 刘晓光 苏 明 邹恒明 王宏志
ISBN：978-7-111-40701-0 定价：128.00元

全球超过50万人阅读的算法圣经！算法标准教材。
世界范围内包括MIT、CMU、Stanford、UCB等国际名校在内的1000余所大学采用。

　　"本书是算法领域的一部经典著作，书中系统、全面地介绍了现代算法：从最快算法和数据结构到用于看似难以解决问题的多项式时间算法；从图论中的经典算法到用于字符串匹配、计算几何学和数论的特殊算法。本书第3版尤其增加了两章专门讨论van Emde Boas树（最有用的数据结构之一）和多线程算法（日益重要的一个主题）。"

　　—— Daniel Spielman，耶鲁大学计算机科学系教授

　　"作为一个在算法领域有着近30年教育和研究经验的教育者和研究人员，我可以清楚明白地说这本书是我所见到的该领域最好的教材。它对算法给出了清晰透彻、百科全书式的阐述。我们将继续使用这本书的新版作为研究生和本科生的教材及参考书。"

　　—— Gabriel Robins，弗吉尼亚大学计算机科学系教授